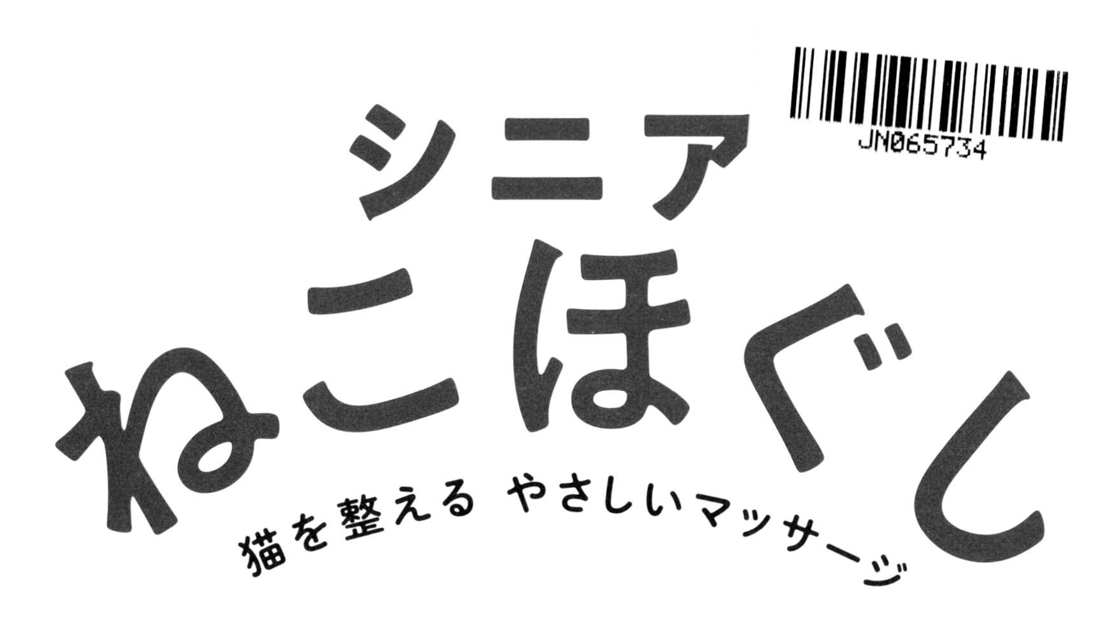

獣医師・鍼灸師　アニマルケアサロンFLORA院長
中桐由貴

産業編集センター

Contents

はじめに

この本では、シニアの愛猫たち、あるいは、まだ若いけれど気になる症状がある子たちに、飼い主さんがお家でできるマッサージ・ケアの方法を記しています。

歳をとっていても、病気でも、一緒に暮らしている愛猫に対して諦めることなく、できることはあります。その一つとしてマッサージはとても有用だと思います。

普段、私は東洋医学や代替医療メインの自身のサロン(動物病院)や他の動物病院で、犬猫にマッサージや鍼治療を行なっています。

施術前後での身体の動き方の違いや皮膚や筋肉の感触、抱っこした感触の変化には、飼い主さんもですが、施術している私もよく驚かされます。特に、シニアになって歩き方が気になっていたけれど、「歳だから」と思って諦めていた子の変化などは目を見張るものがあります。

この本に載っているマッサージのほとんどは、愛犬にも同様に行なえますが、猫のことを考えて書いた、猫の為のマッサージ法です。

前作『ねこほぐし』では部位別にマッサージ法をお伝えしていましたが、今回はシニアでよく起こる症状別に効果的なマッサージをお伝えできたらと思います。

愛猫たちの体調が悪くなる前に、早めに気づいてケアができるような本にしたいと思ってまとめた1冊です。もちろん既に持病があったり慢性的な症状を持っている愛猫たちへのケアにも使えます。

お家でできる病気の予防や、治療や回復の手助けとして、マッサージはとても良い手法ですし、スキンシップを兼ねた愛猫との癒やしの時間にお使いいただけたら幸いです。

どうぞ心ゆくまで可愛い愛猫たちに癒やされて、癒やして、そして愛猫との絆を深めていってくだされば嬉しいです。

シニア猫について

シニアを意識し始める時期

だいたい6、7歳を過ぎたくらいから体調変化が起きやすくなってきます。暑さや寒さに弱くなってきたり、少し食欲が落ちる時があったり、便が緩い、出にくい時があったりと、大きな病気がでるわけではありませんが、お家でのケアが重要になってくる時期です。

11歳を過ぎたあたりから、動きや見た目にシニア感があらわれてきて、加齢に伴って発症する病気も増えてきます。15歳以上はハイシニアと言われ、若いころと比べるとかなり行動が変化してくるので、食べ物やお世話の仕方も変えていくといい年齢です。

「シニアねこほぐし」の使い方

気になる症状別や臓器別でまとめているので、「現在症状がでている」ところはもちろん、「そういった症状がおこったことがある、おこらないように」「うちの子、ここが弱い気がする」など、予防としても行なうのも効果的です（むしろ予防で行なうのがベストです）。既に症状がでている子は、なるべく毎日行なうことをオススメします。

猫は痛みや病気を隠そうとしますので、その変化にいち早く気づいてお家でケアする手助けに本書をお使いください。

マッサージに決まりはありません。愛猫の弱そうなところや、試してみて気持ちよさそうにするところを重点的に行なうのでもいいと思います。

各マッサージごとに「シニア猫でおこりやすい病名」も参考までに書いてありますが、病気の診断がついている子は必ずかかりつけの病院で、適切な治療を行なった上で、マッサージを行なってください。

シニアによく見受けられる特徴や体調変化

年齢を重ねていくと、身体に様々な変化がおこってきます。

1. 身体機能の衰え

・筋肉がやせてきて、よろよろする。
・歩く時も背骨が曲がっていたり、前あしと後ろあしの幅がせまくなっている。
・起きている時間が少なくなって、動きが鈍くなる。
・高いところへジャンプしなくなる。
・遊んでいてもすぐ疲れる。

2. 内臓機能の衰え

・食欲が落ちてくる。
・食べていても太れなくなる。
・吐き戻しが増える。
・水を飲む量が増える。
・おしっこの色が薄くなって、量が増える。

3. 神経機能の衰え

・呼んでも反応しない、反応が薄い。
・遊びに応じてくれない。
・ものにぶつかる。
・食べ物への反応が薄い、近くに持っていかないと食べない。
・ふらつきがある。

お家でわかるシニアチェック!

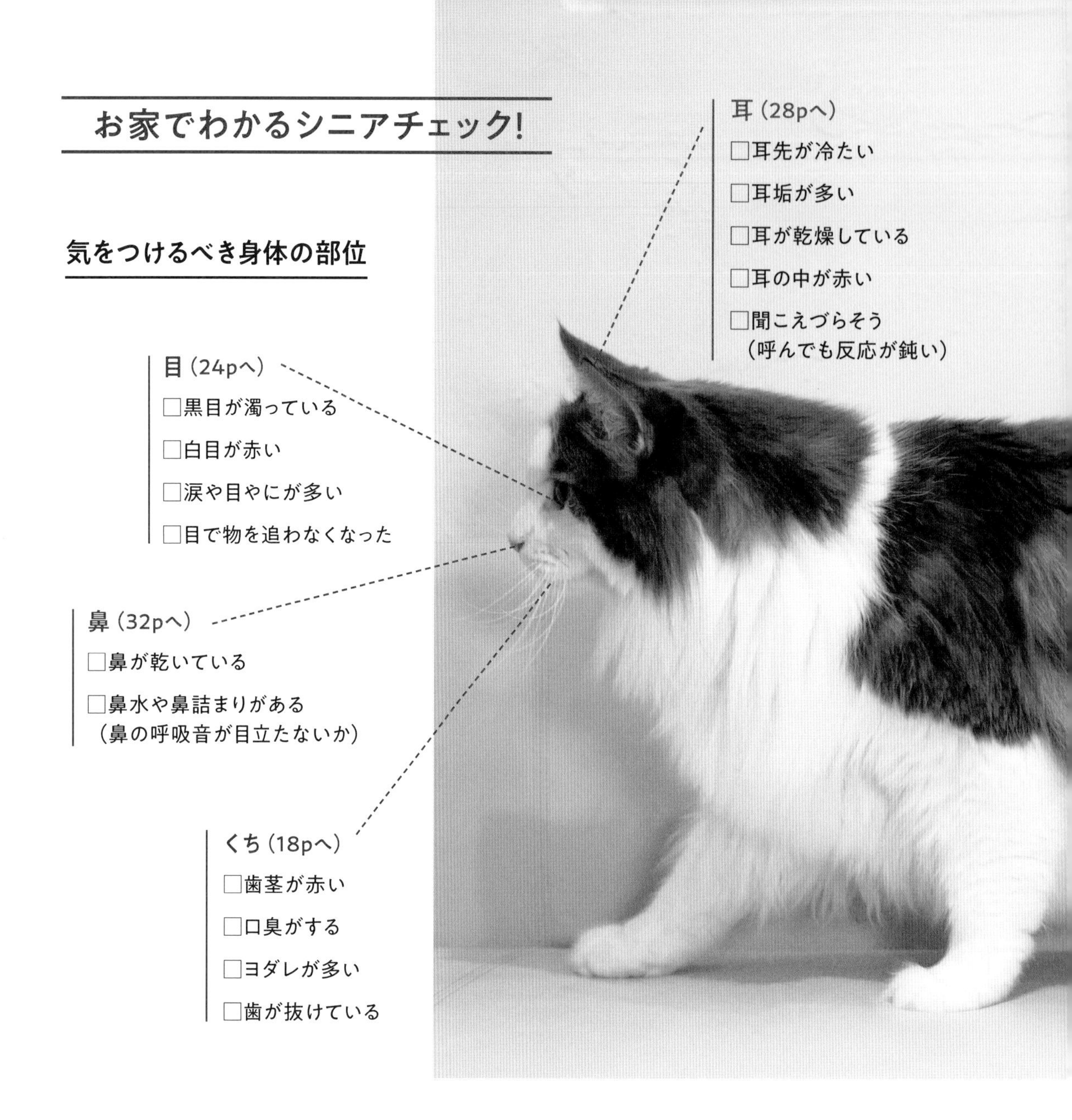

気をつけるべき身体の部位

耳（28pへ）

□耳先が冷たい

□耳垢が多い

□耳が乾燥している

□耳の中が赤い

□聞こえづらそう
（呼んでも反応が鈍い）

目（24pへ）

□黒目が濁っている

□白目が赤い

□涙や目やにが多い

□目で物を追わなくなった

鼻（32pへ）

□鼻が乾いている

□鼻水や鼻詰まりがある
（鼻の呼吸音が目立たないか）

くち（18pへ）

□歯茎が赤い

□口臭がする

□ヨダレが多い

□歯が抜けている

気をつけるべき症状

全体（44, 58, 76, 82, 84pへ）

□そわそわ落ち着かない　□痩せて背骨や腰骨などが見える　□関節の音がする

□手足の末端が冷たい　□上半身が熱い

動き方（46, 66, 70, 74pへ）

□ふらつきがある　□歩く時頭が下がっていたり、頭をふったりしている　□ジャンプするのをためらう

□四肢に震えがある　□歩いてる時に背中が丸まっている

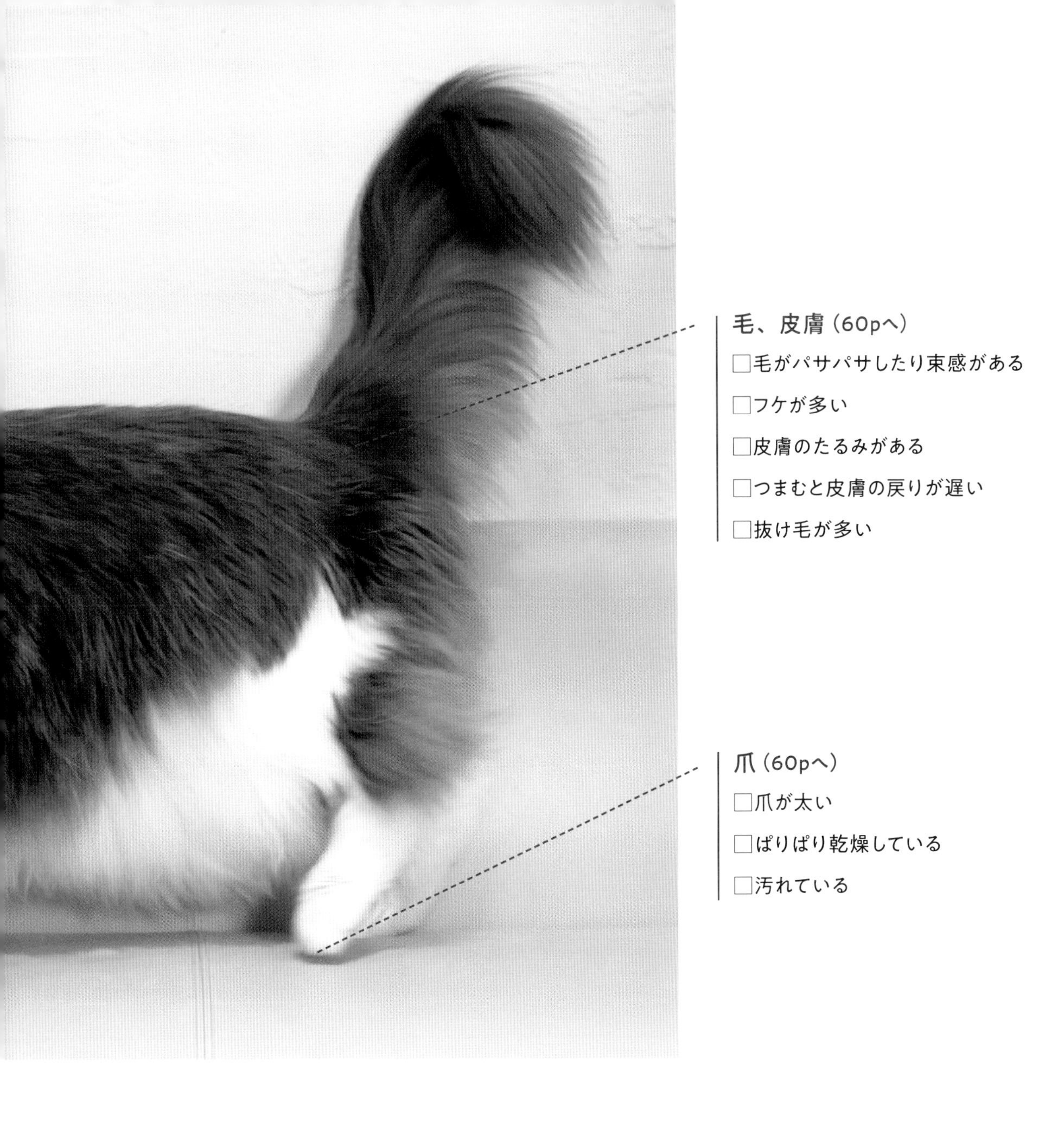

毛、皮膚（60pへ）

□毛がパサパサしたり束感がある

□フケが多い

□皮膚のたるみがある

□つまむと皮膚の戻りが遅い

□抜け毛が多い

爪（60pへ）

□爪が太い

□ぱりぱり乾燥している

□汚れている

尿（48, 52pへ）

□おしっこの色が変わる(正常:薄黄色～黄色　異常:透明、オレンジ～赤)

□量や頻度の変化（多い、少ない）がある　□尿もれがある　□トイレ以外でおしっこをすることがある

便（36, 40pへ）

□柔らかさの変化がある（正常：つまんで取れ、床にもくっつかない　異常：コロコロして硬い、柔らかくて掴めない）　□色の変化がある（正常:茶色　異常:黒、灰色、赤、緑など）

食欲・吐き気（36, 38pへ）

□食欲がおちた　□毛玉を吐く頻度が減る　□毛玉以外を吐くことが増える（胃液やフードなど）

マッサージ前に

マッサージをするにあたって、大切なことは愛猫とコミュニケーションをとることです。一方通行ではいけません。

愛猫が気のりしない時に無理にマッサージをしたり、不適切なマッサージをすると、愛猫にとって嫌な記憶になってしまい、場合によってはその一回の失敗でマッサージ自体をさせてくれなくなってしまいます。

そうならない為に、この章ではマッサージの前に知っておくことや、事前の準備などを記していきます。

シニア猫をマッサージする時の注意点・禁忌

基本的にマッサージは安全性が高いものなので、どんな子にでもできますが、特にシニアの子には注意点があります。

・出血していたり、外傷があったり、痛みが強い場所はマッサージNG。

・皮膚が弱くなっていたり、感覚が鈍くなっていることもあるので、基本は優しめのマッサージを行なう。(※p12の力加減項目参照)

・特に体力が落ちている時は「撫でる」や「さする」などの優しいマッサージで。

・持病があり、病院へ通院している子は、必ず獣医に確認してから行なう。

【重要】何をするのでも、必ず声をかけながら。愛猫からのアイコンタクトやサインをよく観察しながらマッサージを行ないましょう。

シニア猫をマッサージする時のポイント・コツ

身体をマッサージされ慣れていないシニアの子は、急に身体を触られることにストレスを感じることもあります。

お家の愛猫に初めてマッサージする場合は、

・マッサージしたい理由や触る場所を簡単な言葉で伝える（シニアだからこそ理解してくれることが多いです）。

・マッサージとは関係なく、触られるのが好きな場所を見つける。

・好きな場所を触ることをマッサージの合図にする。

・手足の先は苦手な子が多いので、顔まわりや体幹部分のマッサージから行なう。

・マッサージ中もぞもぞしたり、他の場所とは違う反応があったところは特に施術ポイント。

・ポイントが見つかったらその周囲から優しく触って、皮膚を動かしていく。

シニア猫をマッサージした際の好転反応

マッサージをするとデトックス効果があり、様々な反応が現れます。以下の反応がマッサージ時にみられたら、特に効いている証拠です。

- マッサージ中に現れる反応…「涙や鼻水が出てくる」「咳やゲップ、オナラが出る」「お腹の音が鳴る」「身体が温かくなってくる」など。
- マッサージ後に現れる反応…「おしっこやうんちが出る」「水を良く飲む」「ぐっすり眠る」など。

骨格構造とツボ

※背中やお腹の中心線にあるツボは1つ、それ以外は左右1つずつあるのが基本です。

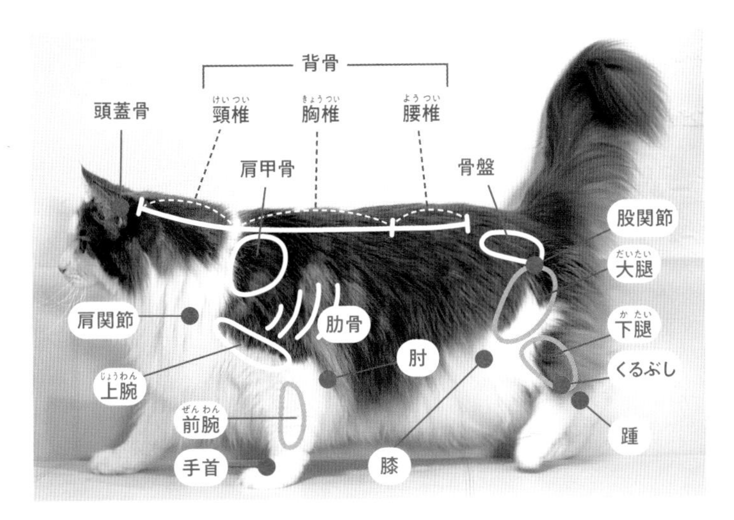

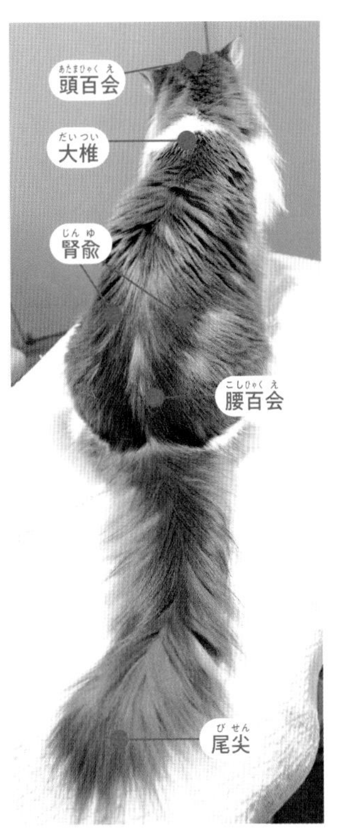

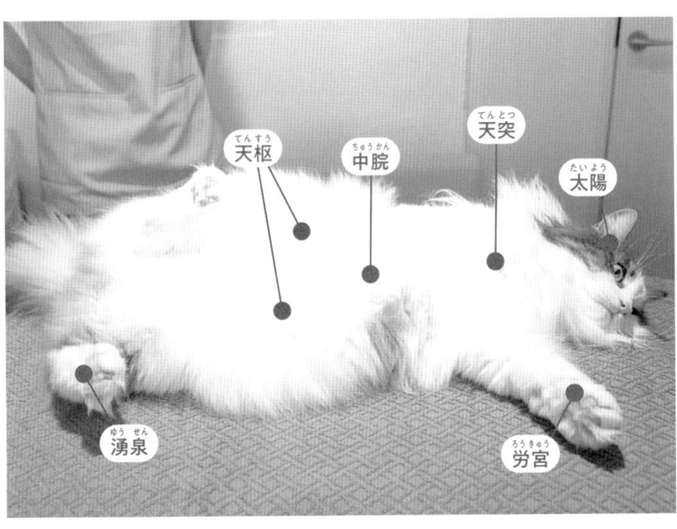

シニア猫のマッサージ法

① 撫でる

圧はあまりかけないで皮膚表面に優しく行なう。シニアマッサージではメインの手法。場所により、指1本から、指の関節部、手のひら全部や爪側を使ったり色々応用できる。

場所　全身

② さする

皮膚を動かす感じで、指の腹や手のひらを使い、細かく動かす。
「撫でる」と大きな差はないが、より狭い範囲を重点的に行なうイメージ。
シニアマッサージではメインの手法。

場所　全身、痛みがある場所。

③ こちょこちょ

指先を使い、優しくこちょこちょする。
マッサージの始めや、触られるのに慣れていない子にも使える。

場所　頭周辺、尻尾付け根、ツボがある場所。

④ ゆらす

関節まわりの筋肉を緩めるように、骨を感じてゆっくり行なう。

場所　背骨、手足の関節など。

⑤ もむ、にぎる

筋肉を感じながら行なう。
親指と他の指でもむ。
手のひらで覆ってにぎる。
場所　「もむ」は筋肉やツボがある場所、「にぎる」は手足、尻尾など。

⑥ 押す

1～2本の指で、指の腹を使って行なう。
最初の3秒で力を少しずついれて、3秒キープして離す。
場所　全身、ツボがある場所。

⑦ つまむ

皮膚をつまんで伸ばす。その後、場所により優しくねじってもOK。 皮膚が伸びる場所を指3～5本を使って行なう。
できるだけ根本からつまむ。
場所　顔まわり、首、背中など。

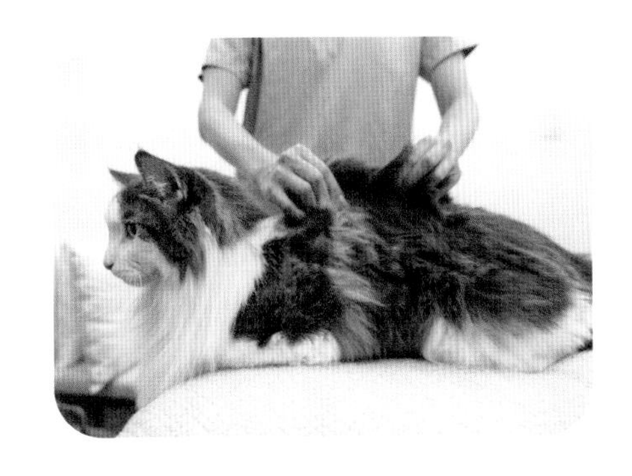

⑧ たたく

手を少し丸くして空気を含みながら優しく行なう。
マッサージ後によく行なう。
場所　尻尾の付け根、お腹や背中、広い部位など。

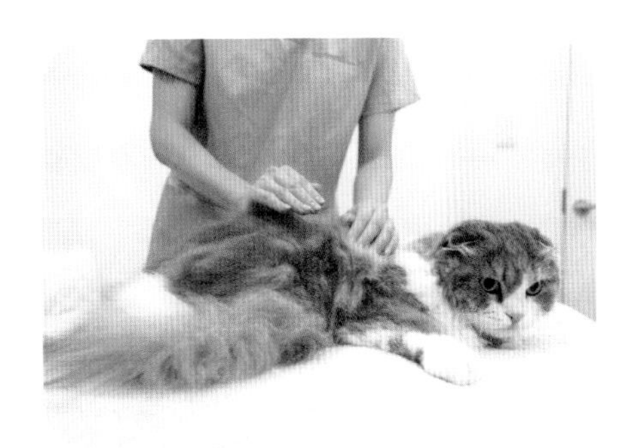

1. ウォーミングアップ

環境

愛猫がゆったりくつろいでる時や、自分から甘えてきた時、暇そうにしている時などがマッサージのタイミングです。マッサージ前の準備として、手を温めたり、深呼吸をして落ち着いてから、優しく声をかけながら始めましょう。シニアだからこそ声をかけると、理解して身体を預けてくれる子も多いです。

時間

1日大体3 ～ 10分くらいを1 ～ 3回。「リンパを流す」(14p)や「マッサージ前」(17p)などを1、2分で行ない、あとは愛猫の様子をみて行ないます。1マッサージ、3 ～ 10回繰り返します。初めはごく短い時間で行ない、慣れてきたら時間や回数を適宜増やしてOK。

力の入れ方、強さ

マッサージの感じ方や強さ好みには個体差があります。
シニアの場合、最初は優しめの力で行ない、お互いが慣れてきたら愛猫の顔をみたり、身体の力の抜け具合で力加減をするとgood。

〈目安〉

0. 弱すぎる→毛の上をさすっている、皮膚に指が届いていない。
1. 優しめ→皮膚に指が届き、皮膚を揺らすことができる。
2. 中くらい→指を動かすと、骨の硬さや筋肉の弾力が感じられる。
3. 強め→押すと身体を動かしたり、声がでるが、逃げないでその場にいる。

※強すぎる→イヤがって逃げようとする、怒る。
優しめ～強めで、愛猫の好みで行なう。

〈優しめ～中くらい〉の力の入れ方で、皮膚をとらえられているかの確認方法。

1. マッサージしたい部位に「中くらい」かな？ と思う力を入れて指を置く。

➡ここでイヤがったらちょっと力が強めかもしれません……。

2. そのまま指を浮かさず、動きやすい方に皮膚を引っ張る感覚で、指を動かす（場所によって動く距離は違います）。

➡皮膚を引っ張る感覚がつかめなかったらちょっと力が弱めかもしれません……。

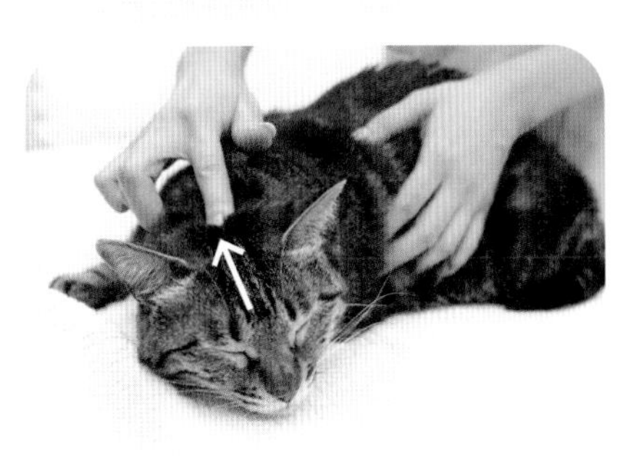

3. 指は浮かさず、力をゆっくり抜く。

➡この時、もとの場所に指がもどれば「中くらい」の力加減です。

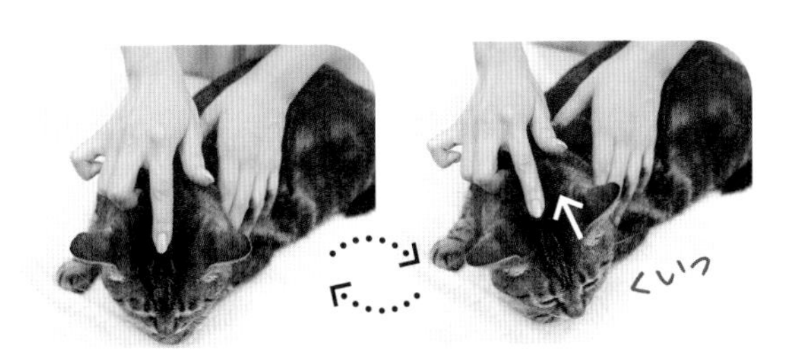

2. リンパを流す

運動不足、冷え、ストレスなど様々な原因でリンパは滞ります。
毎日リンパを流すことで、体内の老廃物等を排出して、疲労回復や免疫力アップをはかります。
特にシニア猫には体表から触れる各リンパ節を優しくほぐしながら、リンパ節が腫れていないかなどを確認しながら行なってください。

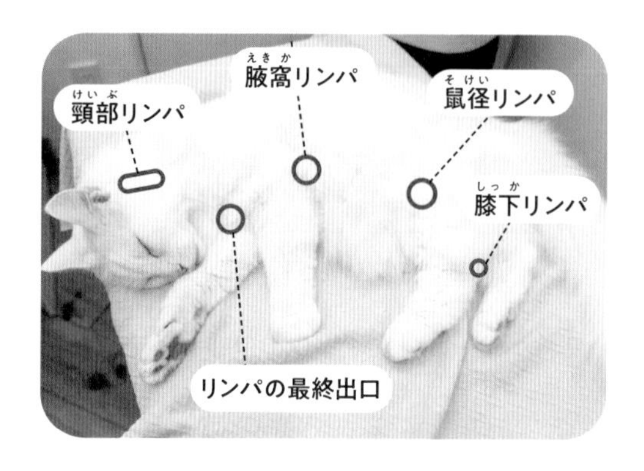

① リンパの最終出口をひらく
（リンパを流す際は必ず最初に行なう）

左の肩甲骨の前縁を優しくさすります。

② 左右の頸部リンパ節を流す

耳の付け根から顎下を通ってリンパの最終出口に向かって優しくさすります。

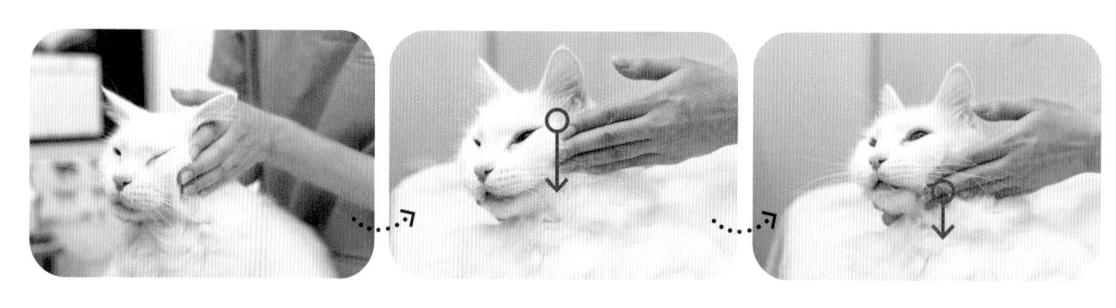

③ 左右の腋窩リンパ節をもむ

前あしの付け根、脇の辺りを軽くもみます。

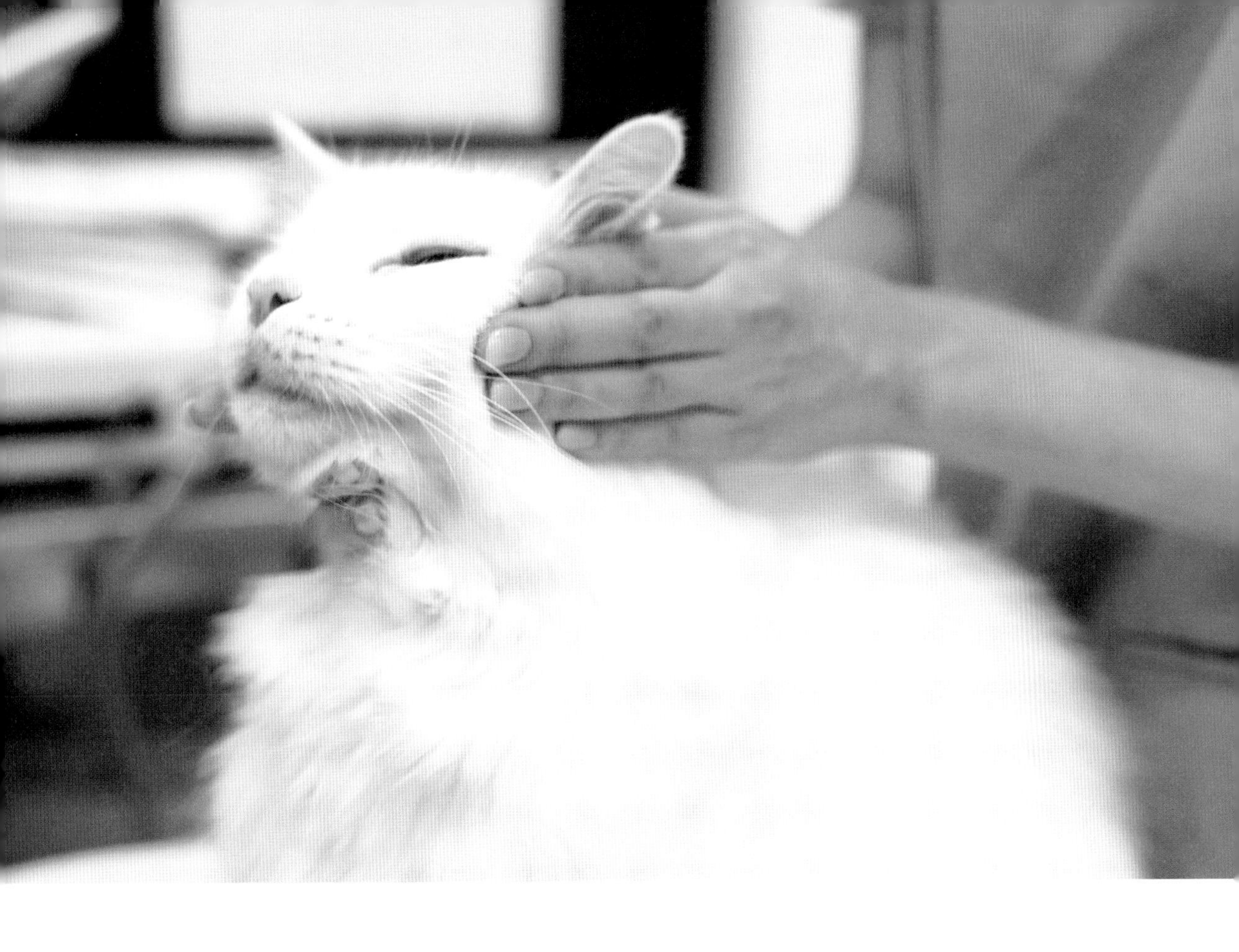

④ 左右の鼠径（そけい）リンパ節を流す

後ろあしの付け根の内側を指の腹で優しくくるくるさすります。

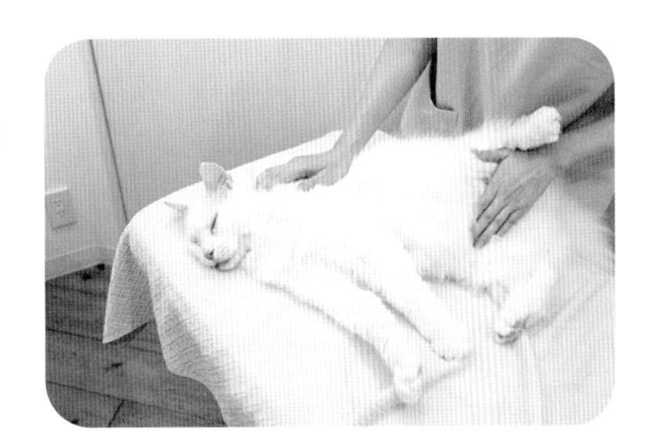

⑤ 左右の膝下（しっか）リンパ節を優しくもむ

膝（ひざ）の後ろを三本指でつまんでもみます。

3. マッサージ

猫たちの身体を癒すためのマッサージ法をできるだけ簡単に紹介します。

シニアに多いトラブルを中心に、症状別に効果的と思われるマッサージを紹介しています。

流れで全てのステップを行なっても、愛猫が受け入れてくれそうなステップのみを選んで行なっても良いです。なるべく多くの猫たちが受け入れやすいマッサージにしていますが、無理に全部しようとはせず、まずはコミュニケーションの一環として愛猫が気持ちよさそうにするマッサージを選んで行なってください。愛猫がマッサージに慣れてきたら、色々試してみてください。

マッサージは特に慢性的に起こっている症状やストレスなどによる症状に行なうと効果的だと思います。シニアの子は、心配になる症状が出てくるかとは思いますが、治療すれば良くなる病気がないかは、必ず動物病院で確認してもらった上で、本書を使ってのお家ケアをおすすめします。

マッサージは、筋肉をほぐし、リンパを流し、血流を良くする事ができ、身体の調子を整えていきつつ、自己治癒力を上げ、さらには愛猫との最高のコミュニケーションにもなります。

今回は、東洋医学の考え方であるツボや経絡（けいらく）を刺激する事で身体の調子を整えたり、解剖学的にほぐすと良い部位などを、症状別にまとめました。

ツボは大体、骨のきわやへこんだところ、指が入るところにありますが、猫のツボは人間よりとっても小さいポイントなので、「大体この辺をさすっていればOK！」という目安としてマッサージ法を掲載しています。

日常的にマッサージをしていれば、愛猫の体調変化にも気づきやすくなります。またマッサージをした後の愛猫の表情や行動をみて、距離が近くなったことを実感していただければ嬉しいです。

愛猫の体調をチェックして、楽しみながら愛猫の健康管理をしてみてください。

マッサージ前後の合図

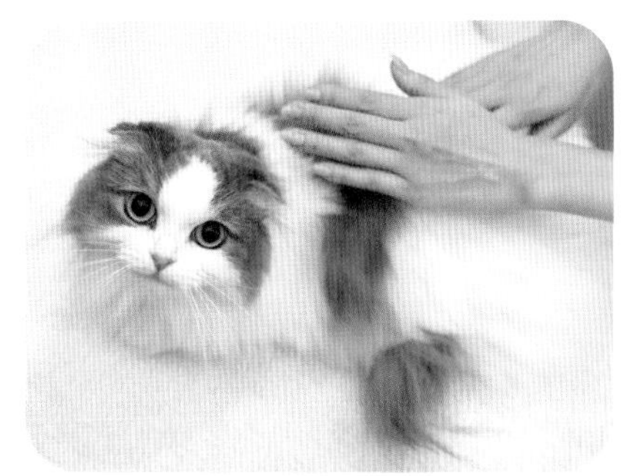

愛猫に「これからマッサージ始めるよ」「終わったよ」の合図は必ず送ります。毎回やっているとだんだん「気持ちいいことしてもらえる」とわかって、合図だけでリラックスできるようになります。

〈マッサージ前〉

1. 体全体を優しく撫で、今日はどこをして欲しそうか感じとります。

2. 顎(あご)まわり（もしくは愛猫が好きな部分）をこちょこちょして機嫌もチェック。

※冷え、熱感チェック

シニアでは冷えやほてりが多くおこります。
手のひらや指のはらで「あれ? このあたり他の場所より冷たいな、熱いな」という場所がないかを確認してみましょう。

冷えやすい部位：お腹、腰、骨盤、足先、耳先
ほてりやすい部位：胸、頭、肩甲骨間

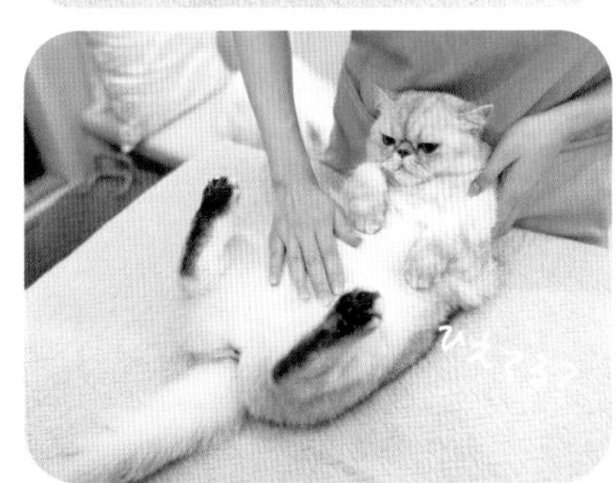

〈マッサージ後〉

1. 身体を体幹から前あし、首からお尻、体幹から後ろあしへ撫でます。

2. 背中をぽんぽんと軽く叩き、優しく「終わったよ」と声をかけます。

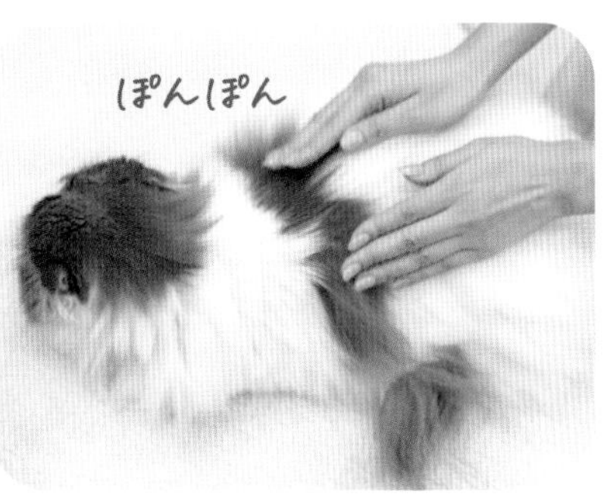

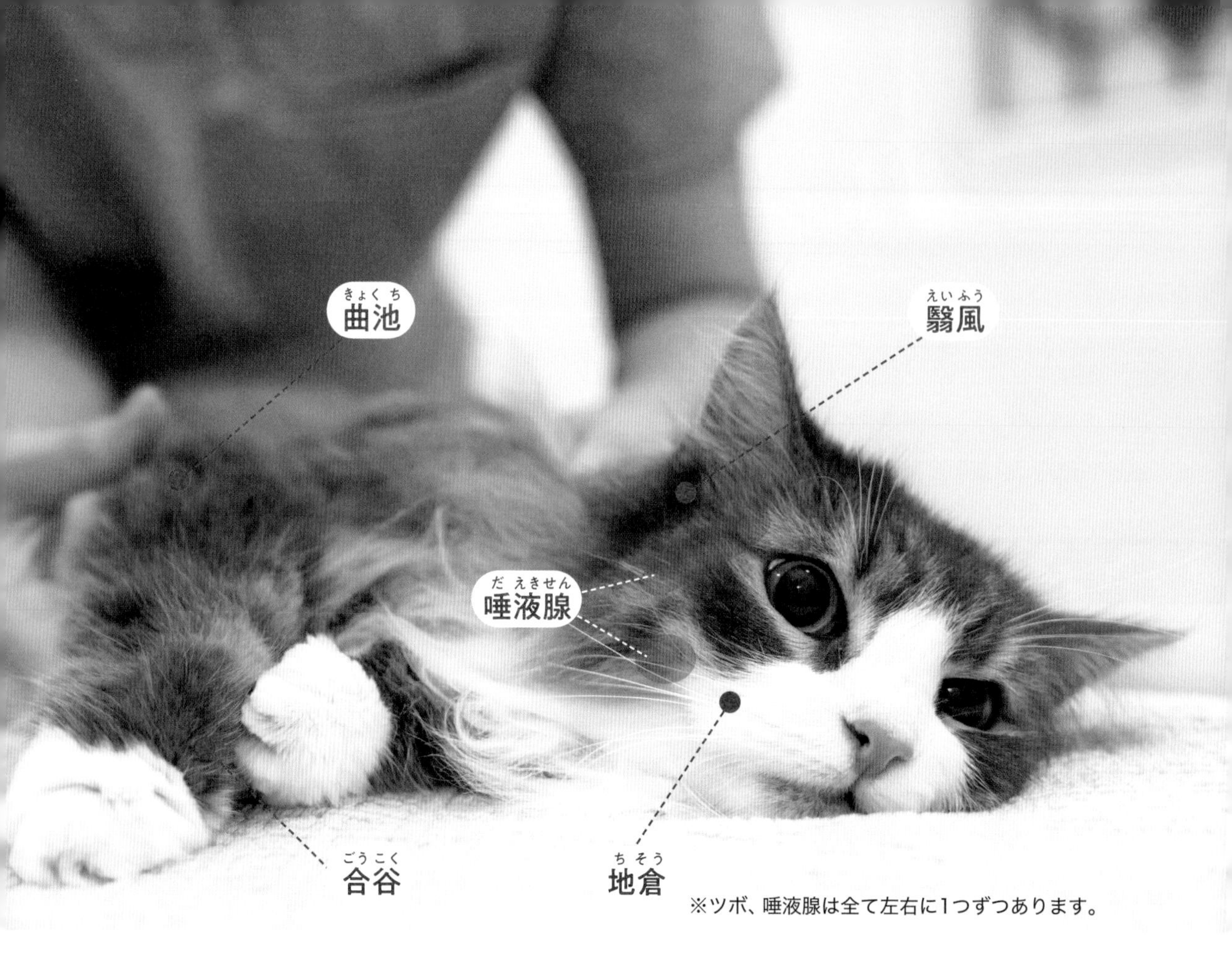

くち

❶ 口臭が気になる

口のトラブルは比較的見つけやすく、多くの猫が該当するかと思います。
東洋医学では、口は胃、歯は腎臓に関係します。

トラブルの可能性がある部位

歯、歯茎、胃腸、腎臓

※病院で「歯石・歯肉炎」と診断された子にもおすすめです。

他にも対応できる症状

歯茎から血が出る、歯茎が赤い、
食欲がおちる、歯が抜ける

マッサージの目的・効果

唾液分泌を促しつつ、口の中の痛みや
炎症を軽減させる。

施術部位

顔 (地倉、翳風)
顎まわり (唾液腺)
前あし (曲池、合谷)

施術方法

各ステップ 5 ～ 10 回ずつ。

下顎(したあご)こちょこちょ。 片手で行なっても、両手でもOK。

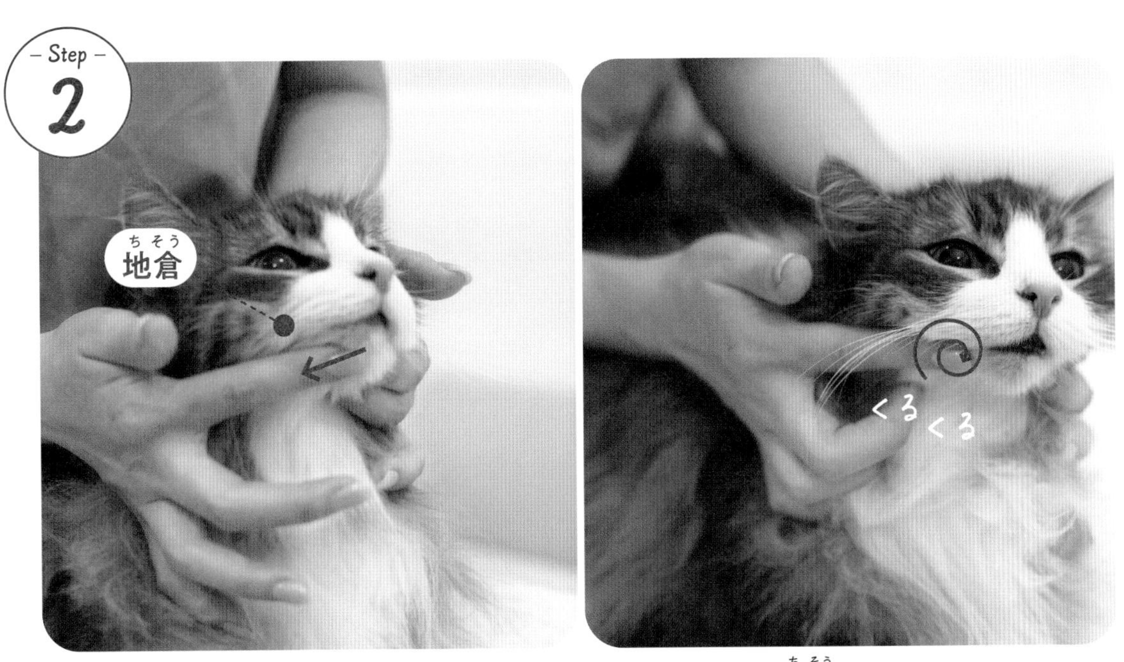

下顎を中心から外側に撫でる。 口角のあたりで止めてくるくる（地倉(ちそう)）。

下顎をくるくる（下顎の唾液腺を刺激）。

上顎（うわあご）を中心から耳に向かって撫でる（翳風（えいふう））。

Step 5

耳下(じか)をくるくる（耳下の唾液腺を刺激）。

Step 6

前あしの肘(ひじ)の外側から手首内側に向かってさする（曲池(きょくち)、合谷(ごうこく)）。

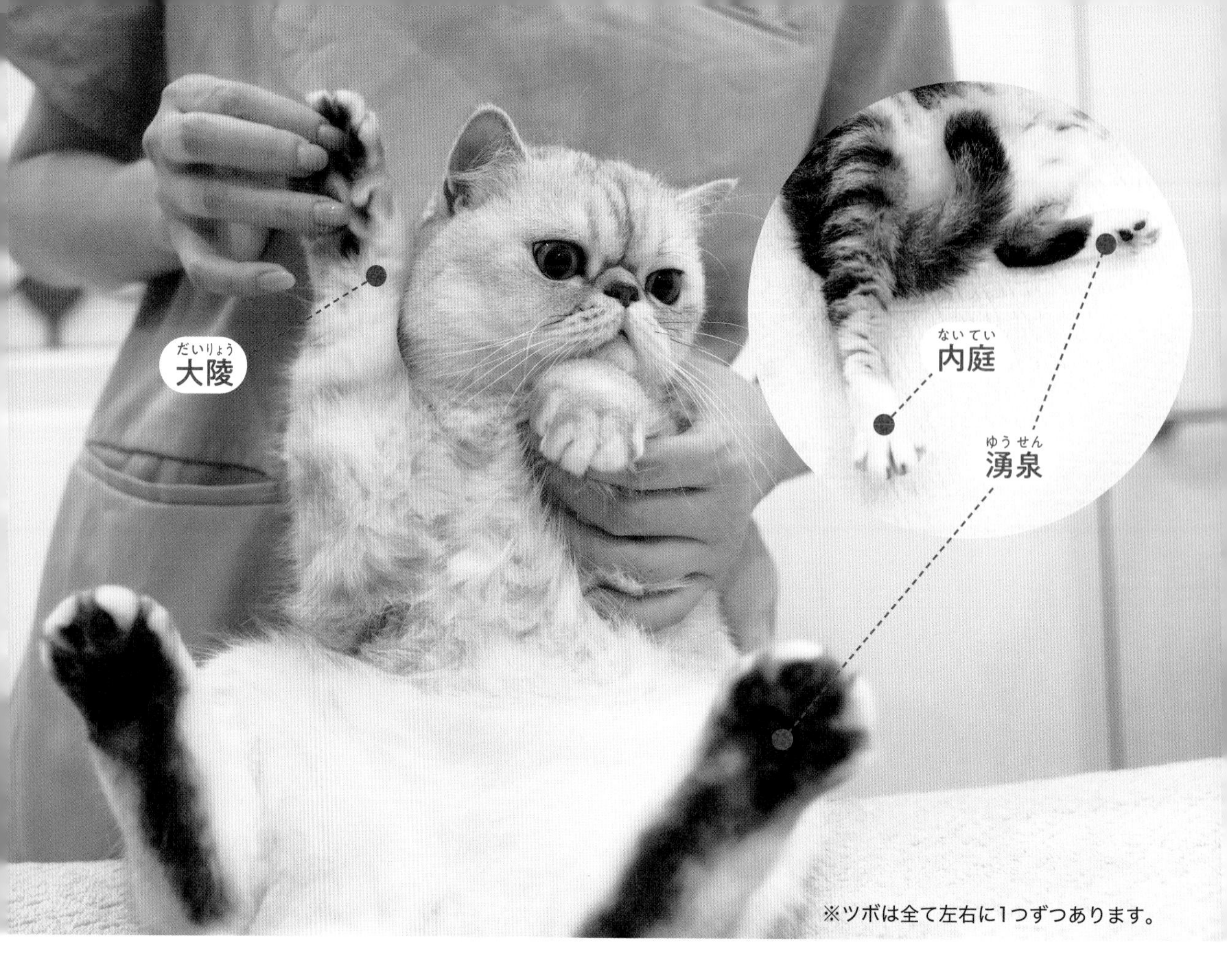

くち ❷ 口のまわりがよごれる

口のトラブルは比較的見つけやすく、多くの猫が該当するかと思います。
東洋医学では、口は胃、歯は腎臓に関係します。

トラブルの可能性がある部位

歯、歯茎、喉、胃腸

※病院で「歯周病」と診断された子にもおすすめです。

マッサージの目的・効果

身体の炎症を軽減させ、胃腸の働き助ける。

施術部位

口の中の炎症が強い場合、直接触ると嫌がることがあるので、足先のツボを使用。

後ろ足の裏（湧泉）
後ろ足の甲（内庭）
前あし手首（大陵）

施術方法

各ステップ 5 ～ 12 回ずつ。

Step 1

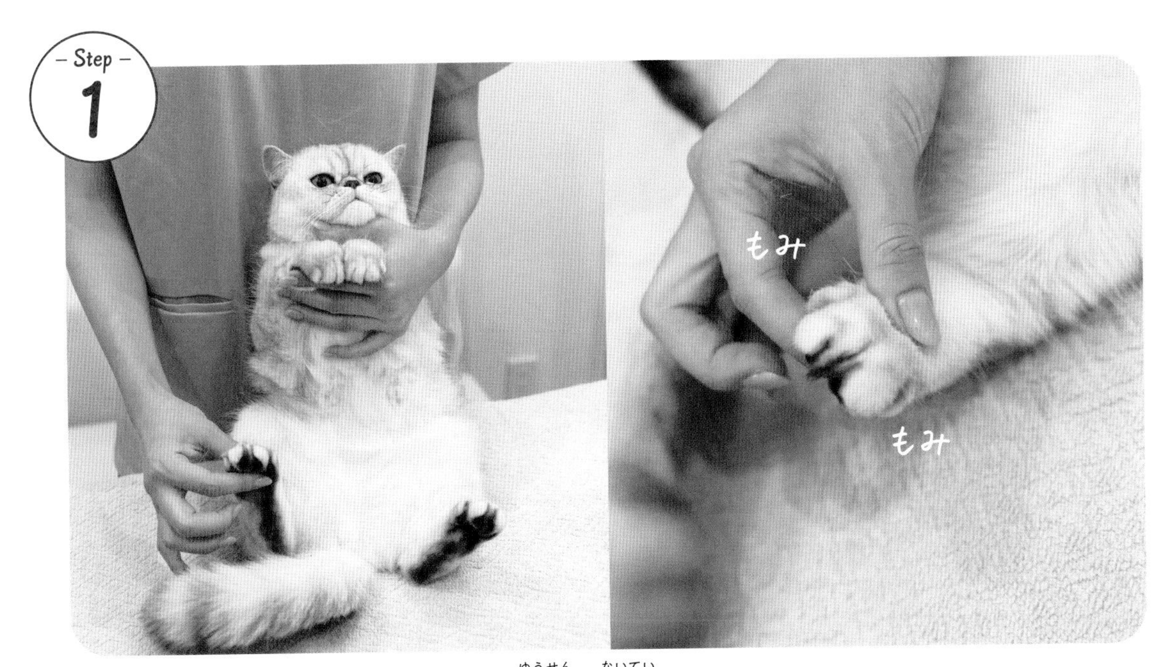

後ろあしの肉球とその甲側をもみもみ（湧泉、内庭）。

Step 2

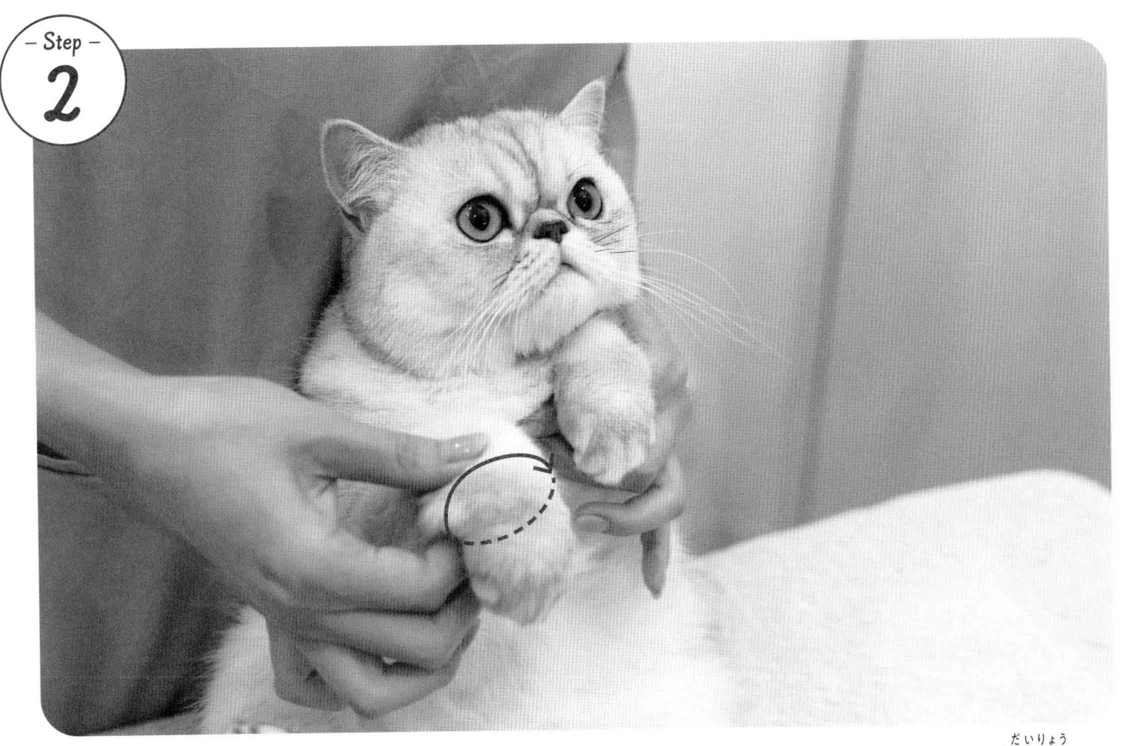

前あしの手首まわりを、親指と人差し指でつまんで、手首一周をもみもみ刺激する（大陵）。

❶ 目のまわりがよごれる

猫の目は動くものを見るのに優れており、また目で多くの感情表現を行なっています。
東洋医学では目は肝臓の働きに関係します。

トラブルの可能性がある部位

目、鼻、肝臓

※病院で「ドライアイ」「結膜炎」と診断された子にもおすすめです。

他にも対応できる症状

目やにが多い、涙が多い、白眼が赤い

マッサージの目的・効果

鼻涙管の流れを良くし、目のツボを刺激して目の炎症を緩和する。

施術部位

目と鼻の間 (鼻涙管)
目周り (睛明、承泣)

施術方法

目まわりは特に優しく行う
ステップ①➡温め 1 ～ 3 分
ステップ②と ③➡ 5 ～ 10 回ずつ。

目鼻まわりを温める。

※ここでは手作り小豆カイロを使っています。
（作り方 p89 参照）

Step 2

目と鼻の間をもみもみ（鼻涙管〔びるいかん〕）。

Step 3

目頭から目尻にむかって、目の上をさする（睛明〔せいめい〕）。目の下をさする（承泣〔しょうきゅう〕）。
できそうだったら、最初と真ん中、終わりで圧をかける。上下とも目と耳の間くらいまで。

❷ ものにぶつかりやすい

猫の目は動くものを見るのに優れており、また、目で多くの感情表現も行なっています。東洋医学では目は肝臓の働きに関係します。

トラブルの可能性がある部位

目、脳、神経、筋肉

他にも対応できる症状

目でものを追わなくなった、黒目が濁っている。

マッサージの目的・効果

肝臓や神経の働きを助けつつ、顔まわりの血流を良くする。

施術部位

眉間、額〜頭頂部
目の横から耳 (太陽)

施術方法

各ステップ５〜10回ずつ。

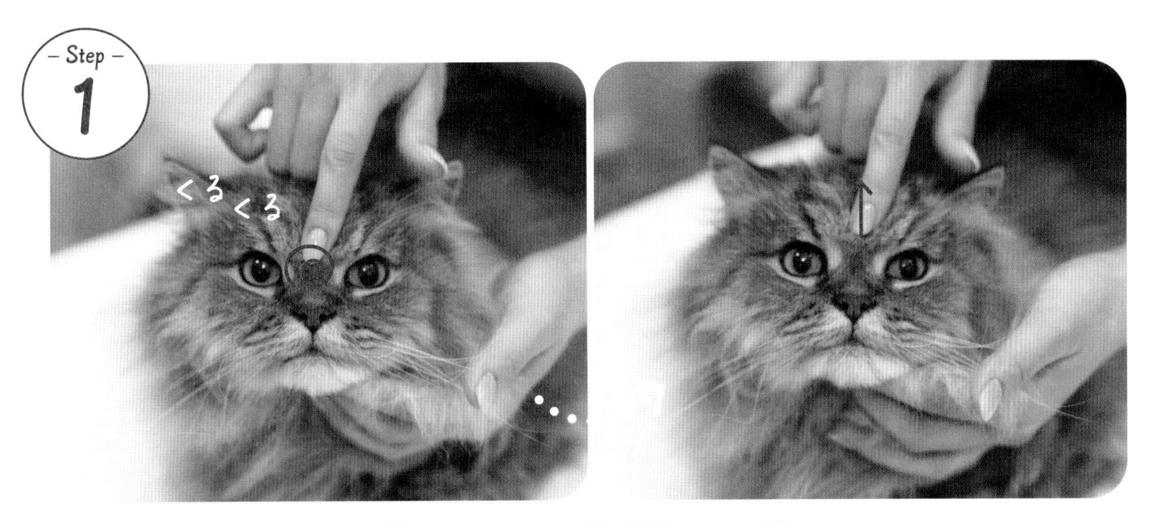

目と目の間を人差し指で円を描く。 →そのまま頭頂部へスライド

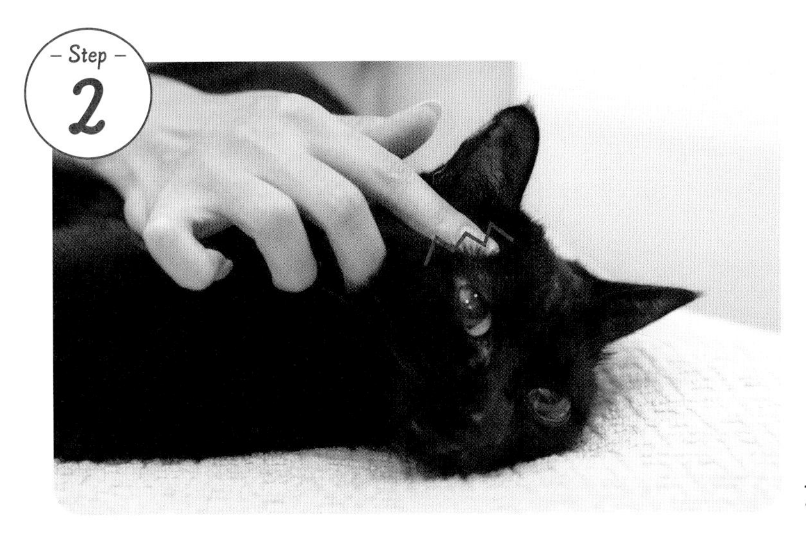

耳の前側を指の腹でさする。

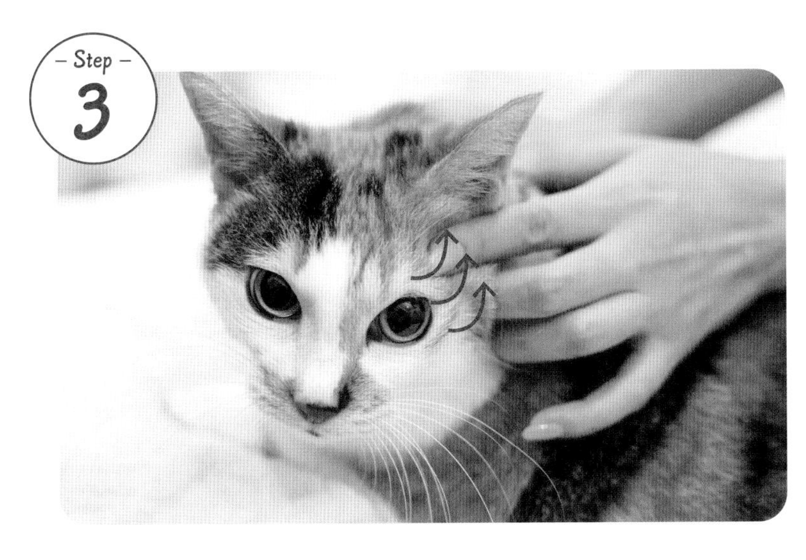

目の横、目尻の上・横・下の3カ所から耳へ向かって撫でていく（太陽（たいよう））。

耳

❶ 呼んでも反応しない、しづらい

猫の耳は前後左右、自由に動かすことができ、よく使う器官です。
東洋医学では、耳は腎臓の働きに関係します。

トラブルの可能性がある部位

耳、脳、神経、腎臓

他にも対応できる症状

耳先が冷たい、大きな音にびっくりする、
鳴き声が大きくなる

マッサージの目的・効果

耳に対応するツボを刺激して、耳まわり
のめぐりをよくする。

施術部位

耳まわり (耳門、聴宮、翳風)
前あし (中渚、外関)

施術方法

各ステップ 3 ～ 7 回ずつ。

耳の付け根を前にぐるぐる回す、同じように後ろにもぐるぐる回す。

左右の耳の付け根のまわりを押していく（耳門（じもん）、聴宮（ちょうきゅう）、翳風（えいふう））。

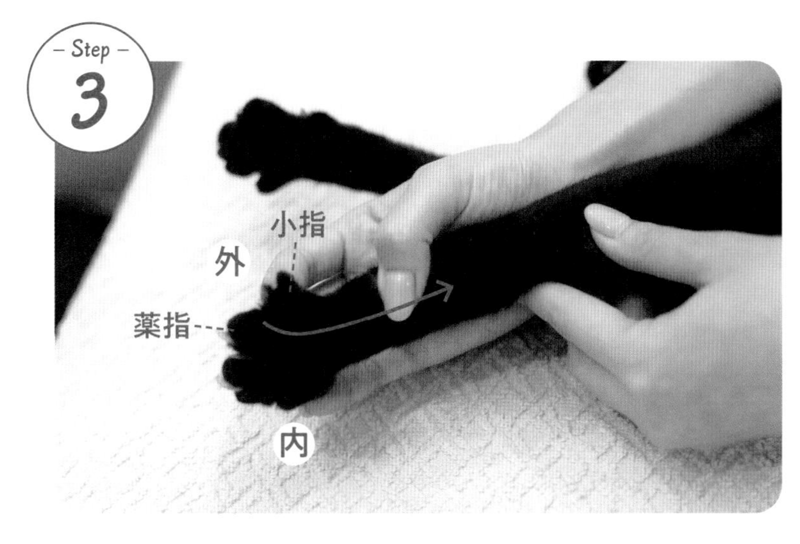

前あし先（小指と薬指の間あたり）から手首を通って、外側を前腕中心くらいまで撫でていく（中渚（ちゅうしょ）、外関（がいかん））。

※ツボは全て左右に1つずつあります。

耳

❷ 耳がかさかさしている

猫の耳は前後左右、自由に動かすことができ、よく使う器官です。
東洋医学では、耳は腎臓の働きに関係します。

トラブルの可能性がある部位

耳、腎臓、肝臓

※病院で「外耳炎」「腎不全」と診断された子にもおすすめです。

他にも対応できる症状

耳が赤い、耳垢が多い、皮膚からフケがでる、よく水を飲む

マッサージの目的・効果

耳の熱を取り、腎臓へ働きかけて、栄養や水分を行き渡らせる。

施術部位

首後ろから背中（風池）
背中から腰（腎兪）
後ろあしの足首まわり（太谿、崑崙）

施術方法

各ステップ３～10回ずつ。

Step 1

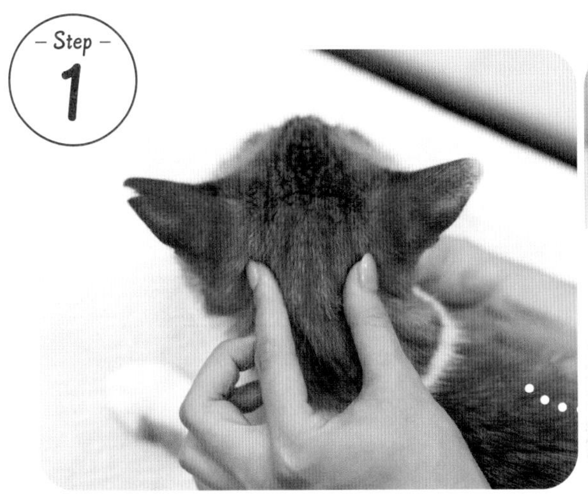

耳の後ろを親指と人差し指で、中心に向かってもみもみする（風地）。

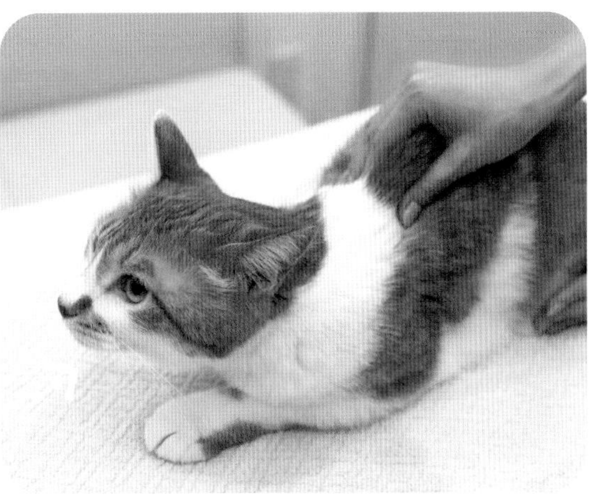

首をもみながら、だんだん背中へ。背中の中心、肋骨が触れなくなるあたりまで。

Step 2

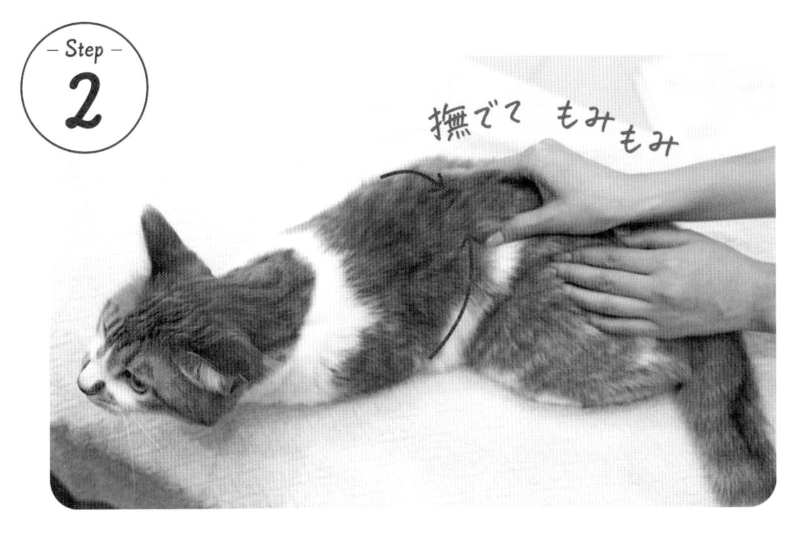

身体の側面、肋骨の終わりあたりから背骨の中心に向かって、撫でていく。背骨中心あたりは親指と他の指でつまむようにもみもみする（腎兪）。

Step 3

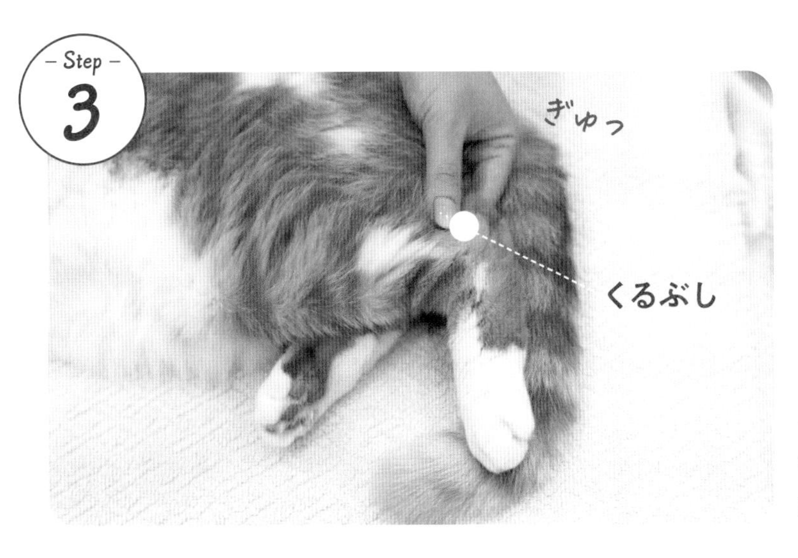

くるぶしあたりから後ろ（アキレス腱）側へつまみ、圧をかける（太谿、崑崙）。

❶ 鼻水、鼻詰まりがある

鼻は外からの病原菌の侵入を防いだり、においや温度を感じる器官です。
東洋医学では、鼻は肺の働きに関係します。

トラブルの可能性がある部位

鼻、肺、免疫組織

※病院で「アレルギー」「猫かぜ」と診断された子にもおすすめです。

他にも対応できる症状

いびきをかく、くしゃみをする、鼻が乾いている

マッサージの目的・効果

肺の熱をとりつつ、鼻まわりのめぐりをよくする。

施術部位

鼻から額（印堂）
鼻まわり（迎香、鼻通）
前あし内側（列欠）

施術方法

各ステップ５～10回ずつ。

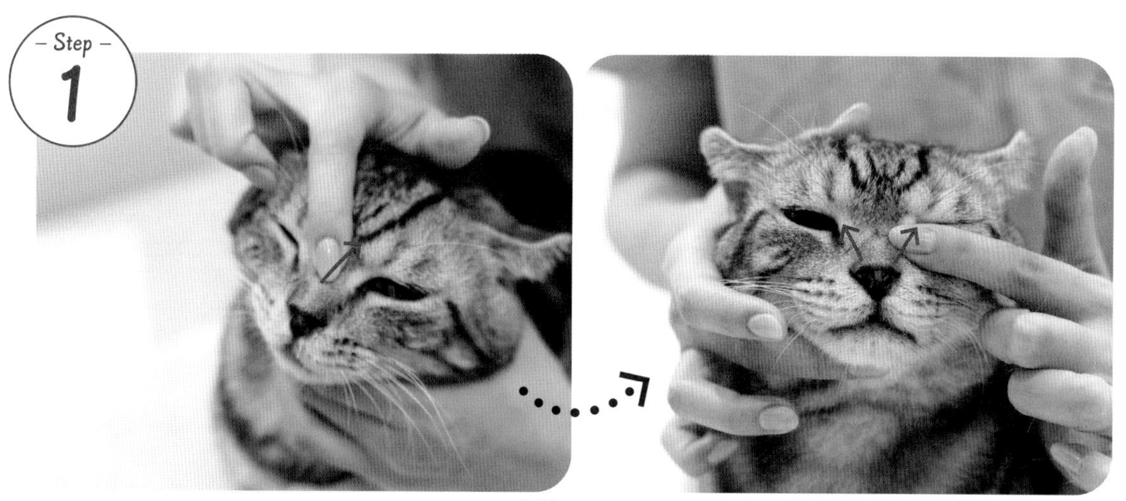

鼻の上から目の間を通って額までさする（印堂）。鼻から目頭にむかってさする（鼻通）。

鼻の真横を押す（迎香）。

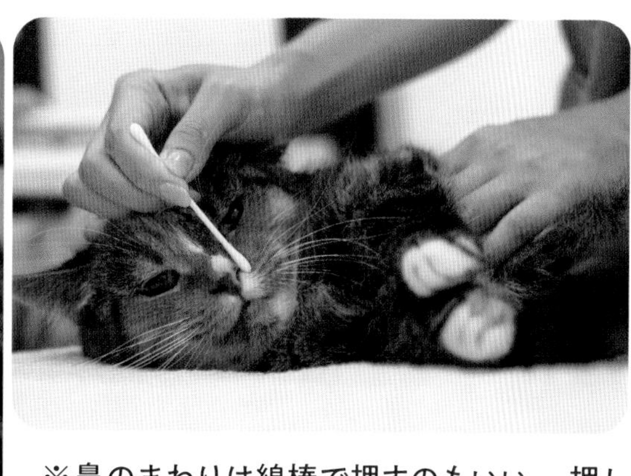

※鼻のまわりは綿棒で押すのもいい。押したあと鼻の穴付近で綿棒の先くるくるすると、鼻水も取れて一石二鳥!

前あし手首の内側（親指側）あたりを、くるくるさする。

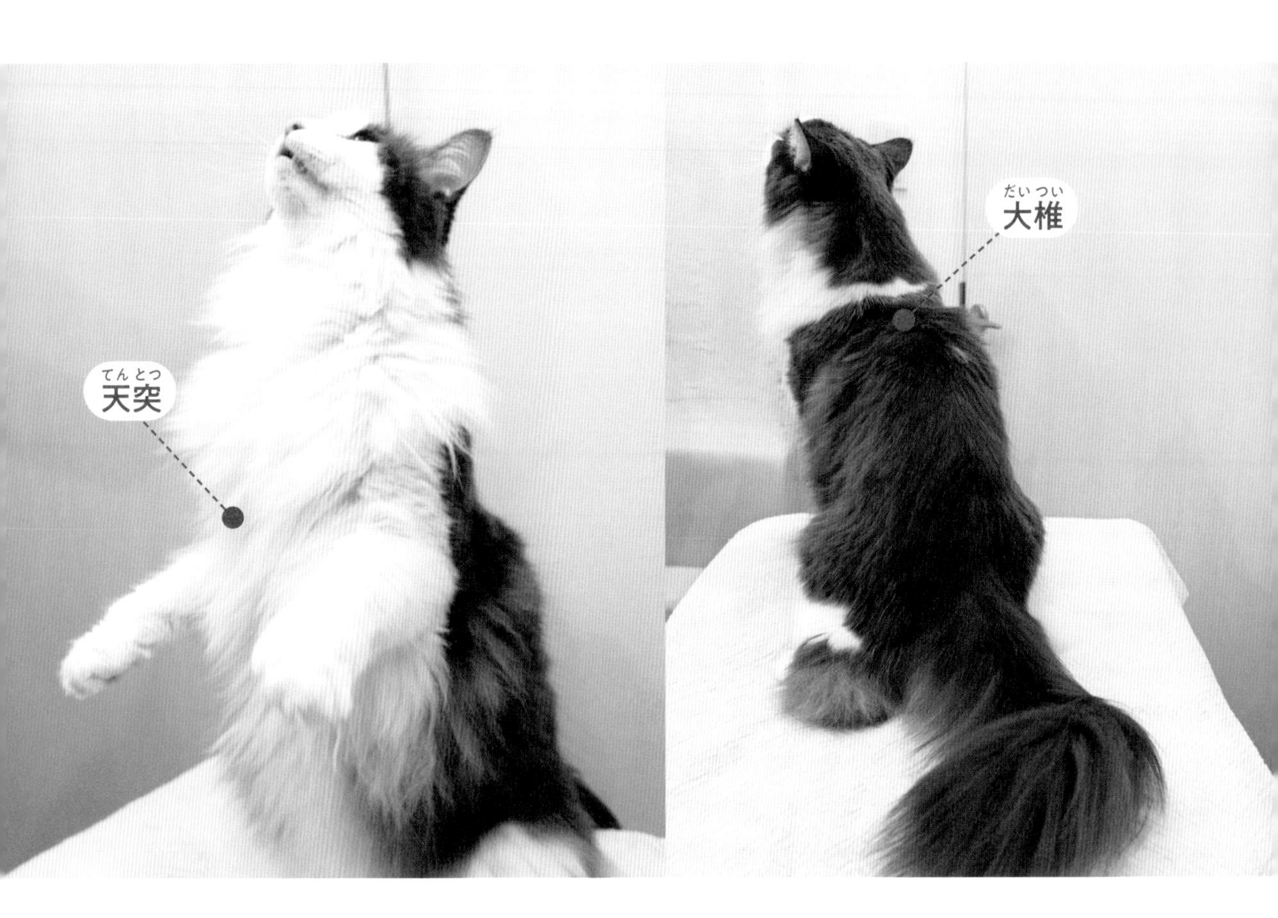

❷ くしゃみや咳が増えた

鼻は外からの病原菌の侵入を防いだり、においや温度を感じる器官です。
東洋医学では、鼻は肺の働きに関係します。

トラブルの可能性がある部位

鼻、喉、肺、心臓

※病院で「猫ぜんそく、猫かぜ」「気管支炎、肺炎」と診断された子にもおすすめです。

マッサージの目的・効果

くしゃみや咳をおさえ、呼吸を整える。

施術部位

喉〜前胸部（天突）
肩甲骨間（大椎）
胸部側面

施術方法

各ステップ5〜10回ずつ。

– Step –
1

指の腹で喉から前胸部（前あしの間）を優しく撫でる（天突）。

– Step –
2

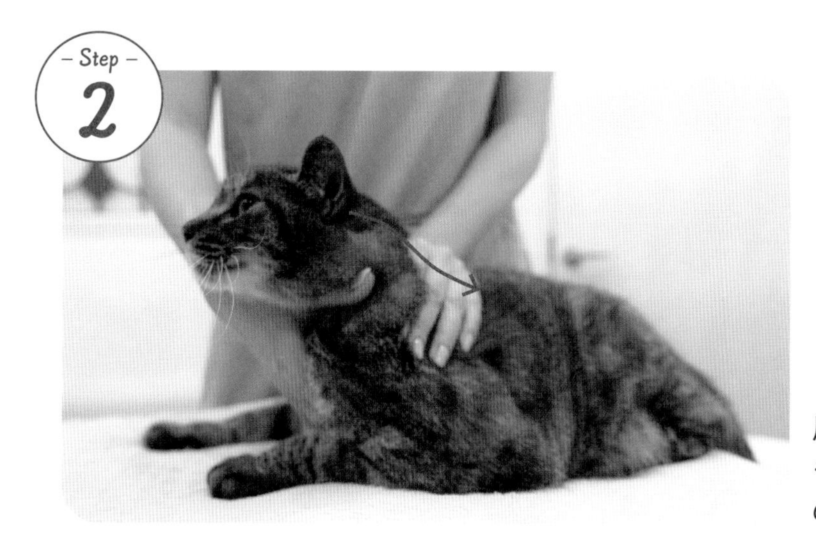

片手は胸の前に置いたまま、もう片方の手で首から肩甲骨の間を優しく撫でる（大椎）。

– Step –
3

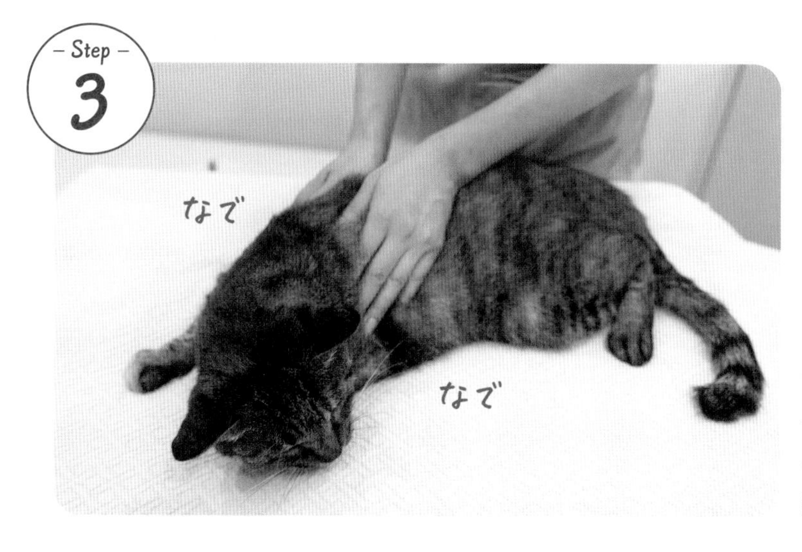

愛猫がゆったりしていたら、そのまま両手のひらで肋骨の上を皮膚を動かす感じで撫でていく。

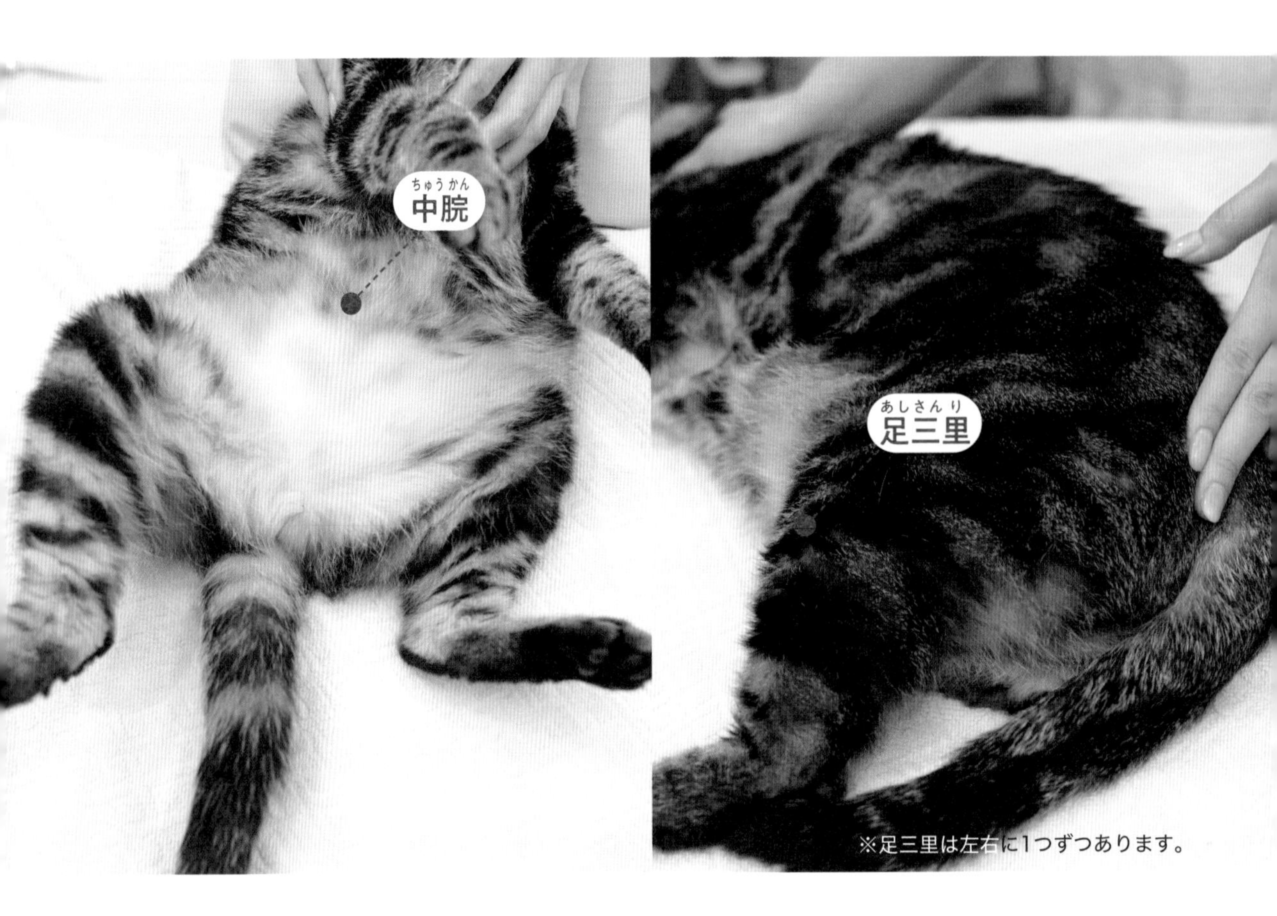

消化器

❶ 食欲が落ちてきた、軟便気味

消化器系の異常は、ストレスや疲れなどに関係します。
東洋医学では、水分や熱の滞りが伴うことが多くあります。

トラブルの可能性がある部位

胃腸、歯、口、全身

他にも対応できる症状

ゲップがよく出る、もともと胃腸が弱い、疲れやすい、食べた後だるそう、お腹をよく舐める

マッサージの目的・効果

お腹の働きを整え、消化を助ける。

施術部位

お腹（中脘）
後ろあし（足三里）

施術方法

ステップ①と② ➡ 5 ～ 10 回ずつ。
ステップ③ ➡ 3 ～ 7 回ずつ。

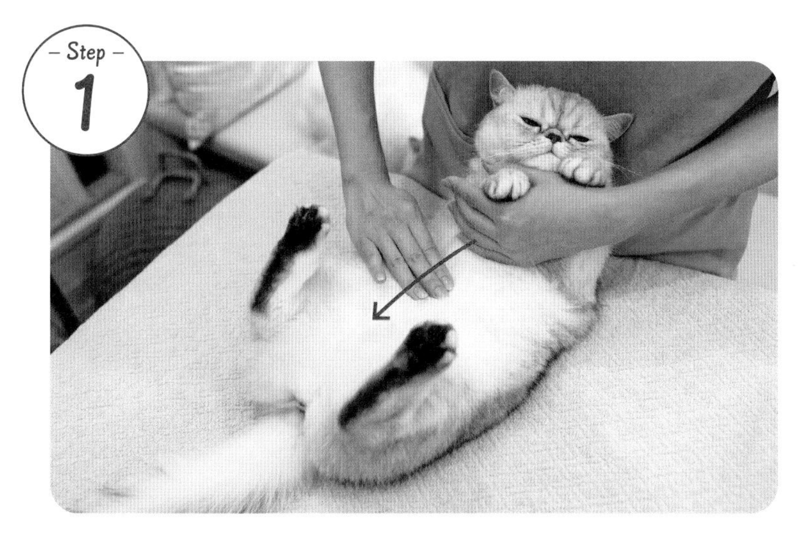

お腹の中心、骨が触れるあたりから尾の方へさする（中脘）。

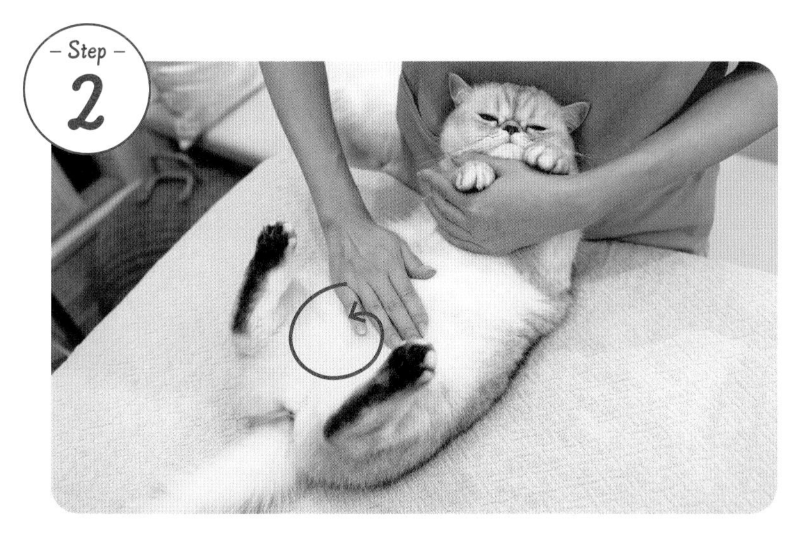

そのまま腹部に手を置いて、手のひらで温めながらゆっくり円を描く。

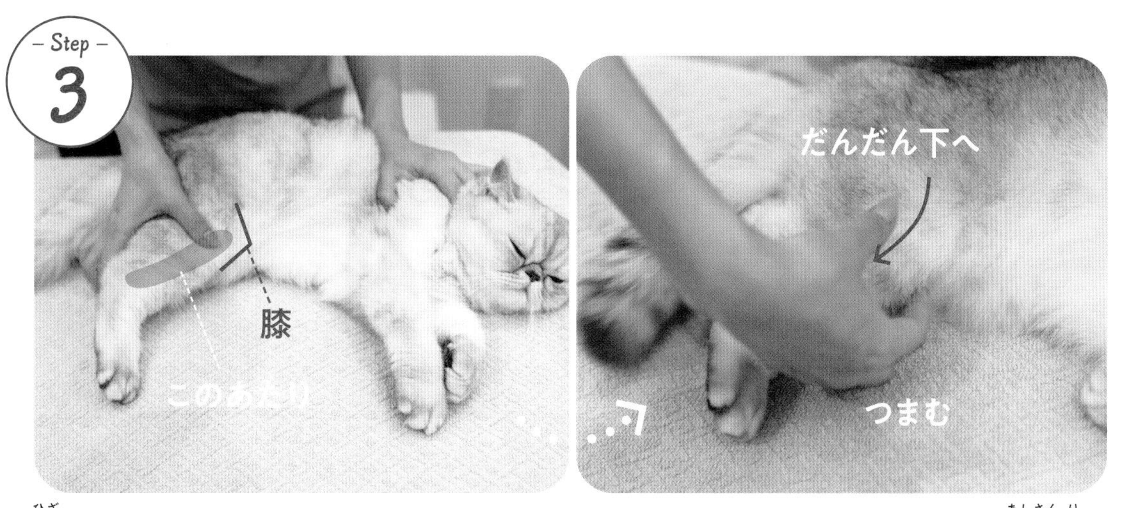

膝の上をつまんで、膝下に向かって、つまんで離してをくるぶしあたりまで繰り返す（足三里）。

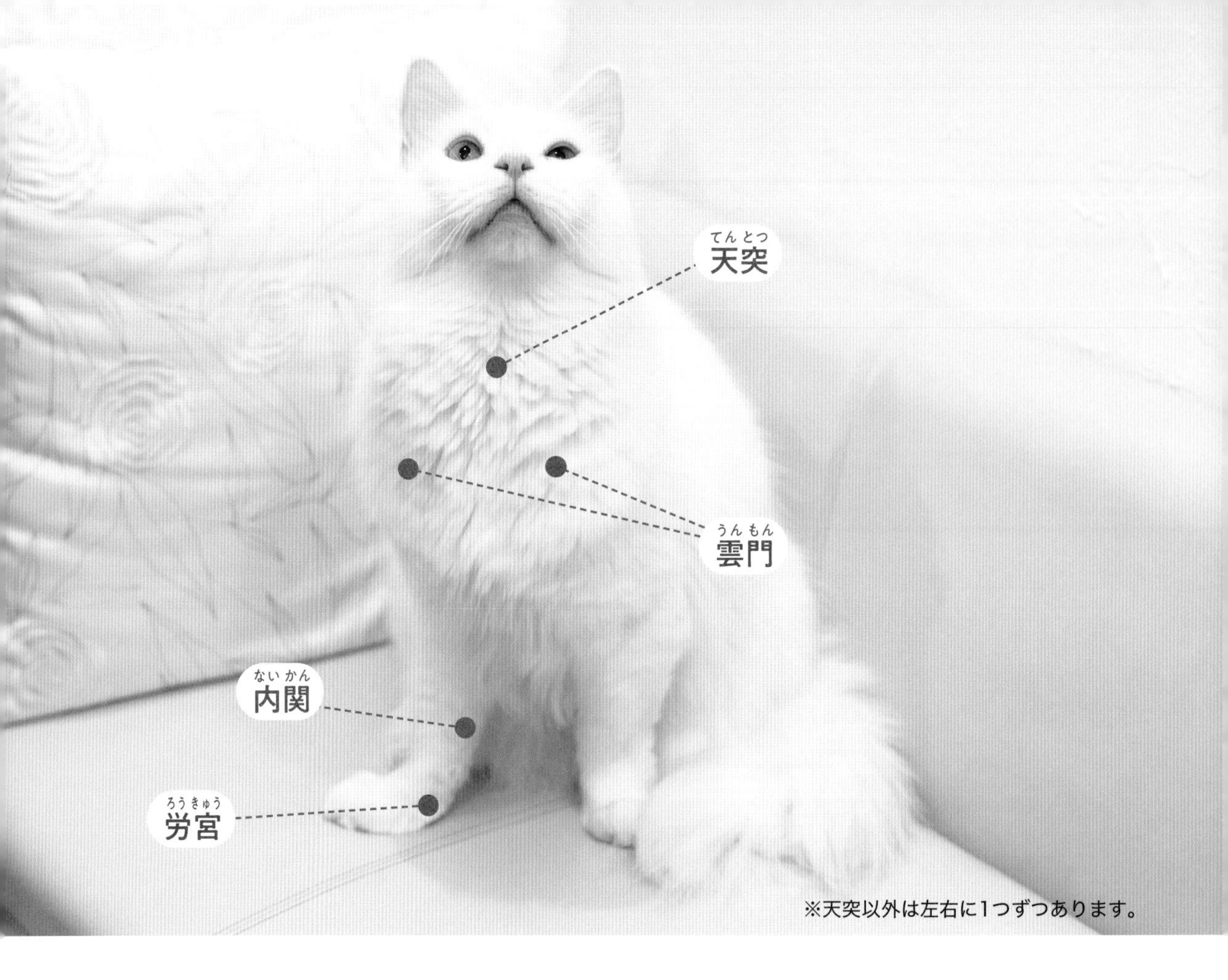

消化器

❷ 吐く（毛玉以外）ことが増えた

消化器系の異常は、ストレスや疲れなどに関係します。
東洋医学では、水分や熱の滞りが伴うことが多くあります。

トラブルの可能性がある部位

胃腸、腎臓

※病院で「膵炎」「胃腸炎」と診断された子にもおすすめです。

他にも対応できる症状

よだれが多い、ゲップが出る、
口臭がする

マッサージの目的・効果

お腹の炎症を緩和し、吐き気を抑える。

施術部位

喉～肩周り（天突、雲門）
前あし（内関、労宮）

施術方法

各ステップ５～10回ずつ。

Step 1

喉から肩に向けて撫でる（天突）。

Step 2

肩まわりをさする。左右で比べて凝っていたり張っているところを重点的に（雲門）。

Step 3

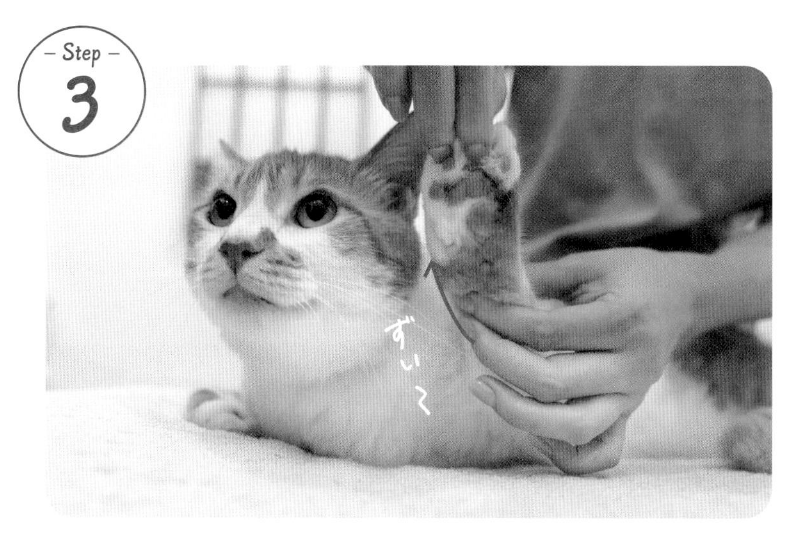

前あしの内側を手首を通って肉球に向けてさすっていく（内関、労宮）。

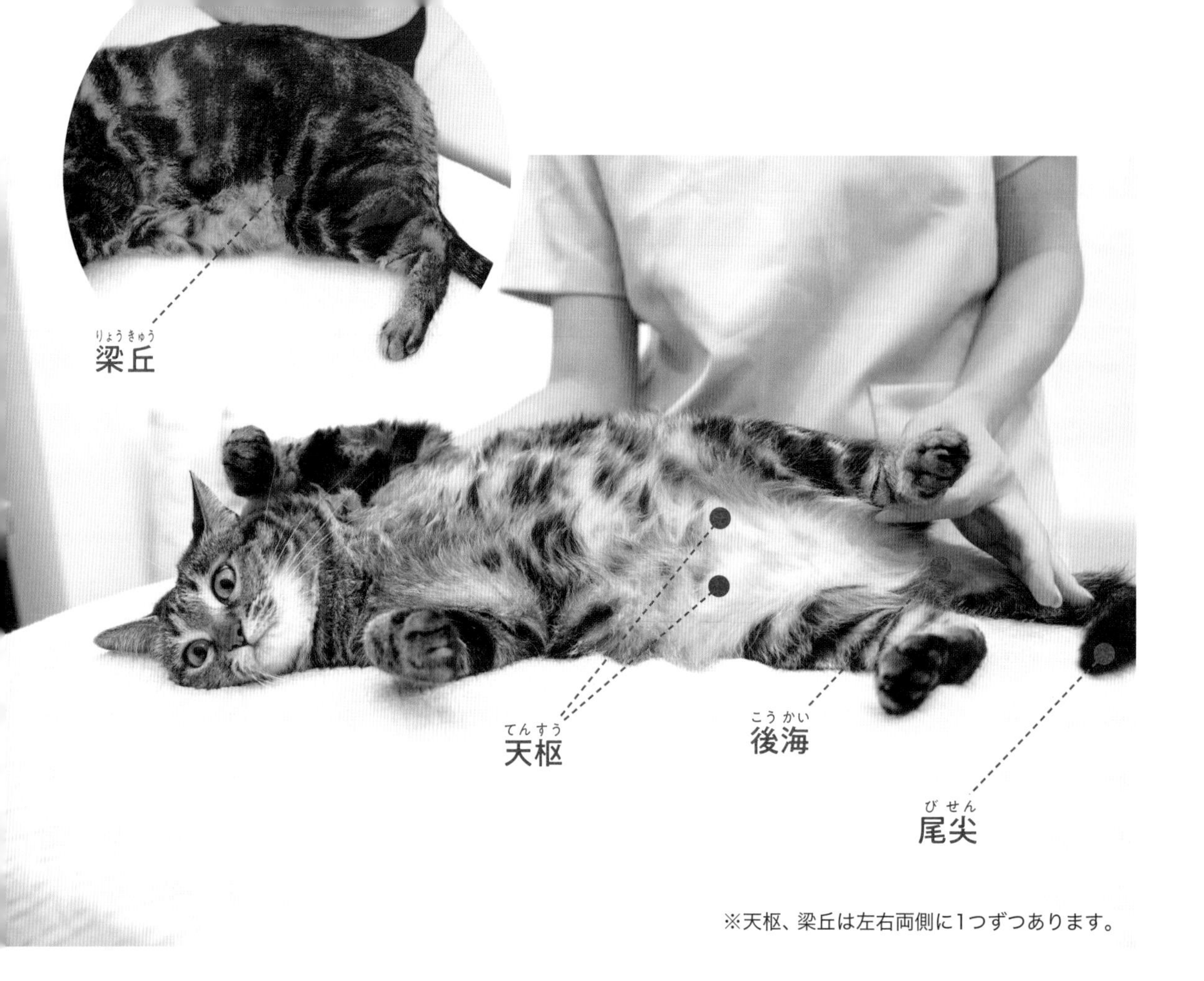

※天枢、梁丘は左右両側に1つずつあります。

消化器

❸ 便秘や下痢をしやすい

消化器系の異常は、ストレスや疲れなどに関係します。
東洋医学では、水分や熱の滞りが伴うことが多くあります。

トラブルの可能性がある部位

胃腸、免疫系、自律神経

※病院で「胃腸炎」「アレルギー」と診断された子にもおすすめです。

他にも対応できる症状

お腹を触られるのを嫌がる、お腹が張っている、乾燥したコロコロうんちが出る

マッサージの目的・効果

お腹の痛みをとって、腸の働きを整える。

施術部位

尻尾（後海、尾尖）
お腹（天枢）
後ろあしの膝まわり（梁丘）

施術方法

各ステップ３～10回ずつ。

尻尾の根本から尻尾の先に向かってにぎにぎ（後海）。

尻尾の先をつまんでもみもみ（尾尖）。

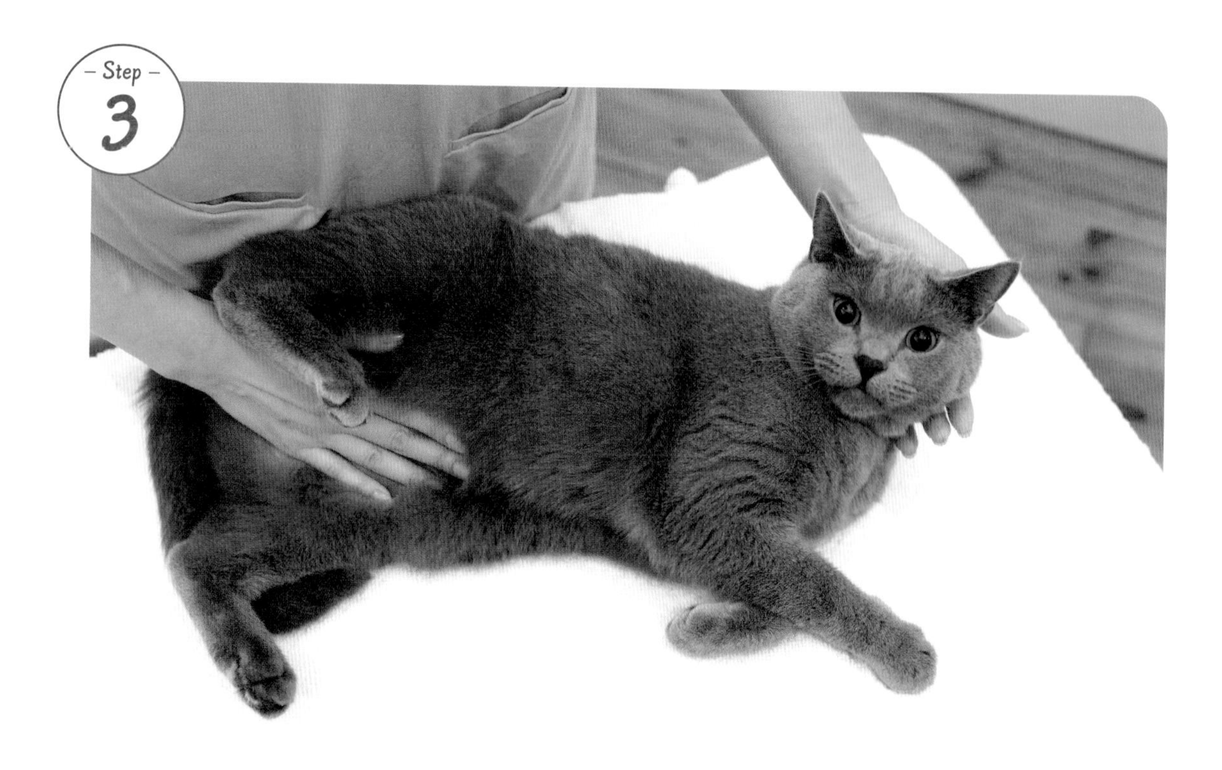

後ろあしの間に、手をあてて円を描く（天枢）。

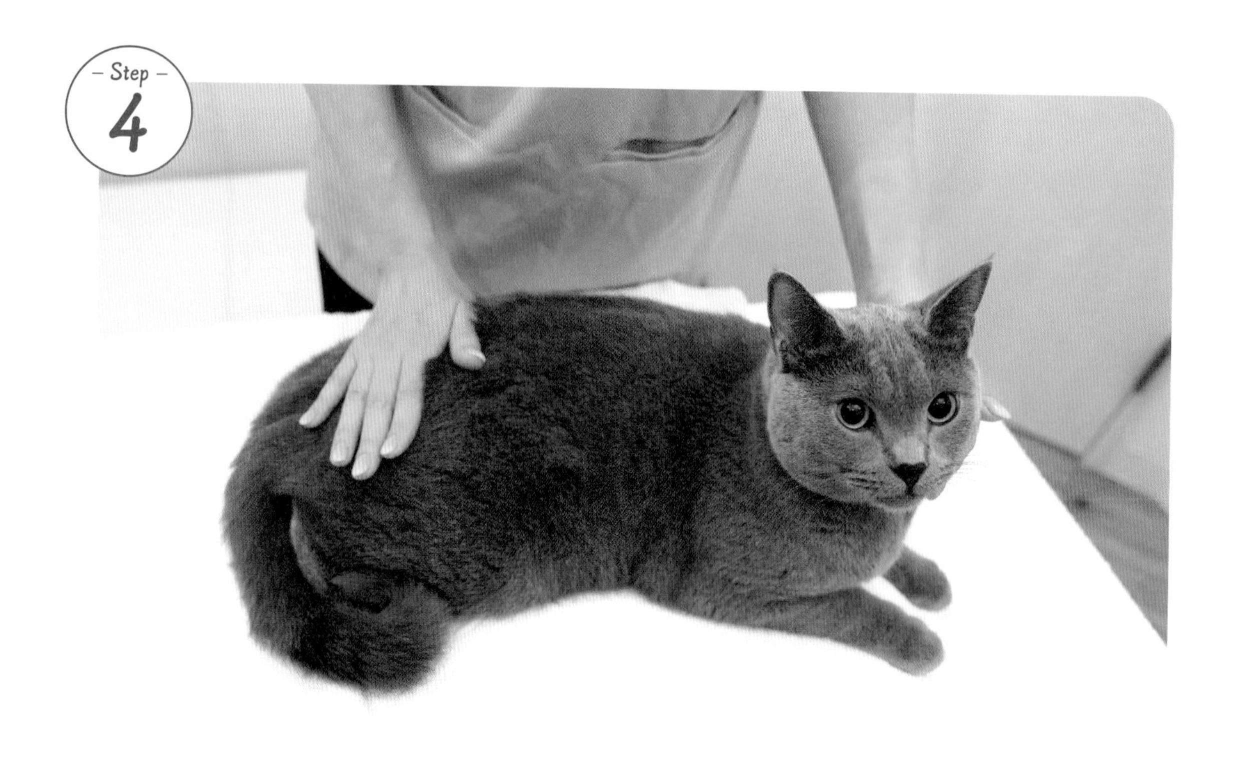

骨盤の上に手をあてて、円を描く。

お腹の痛みが強そうでお腹をさわれない時はコレ。

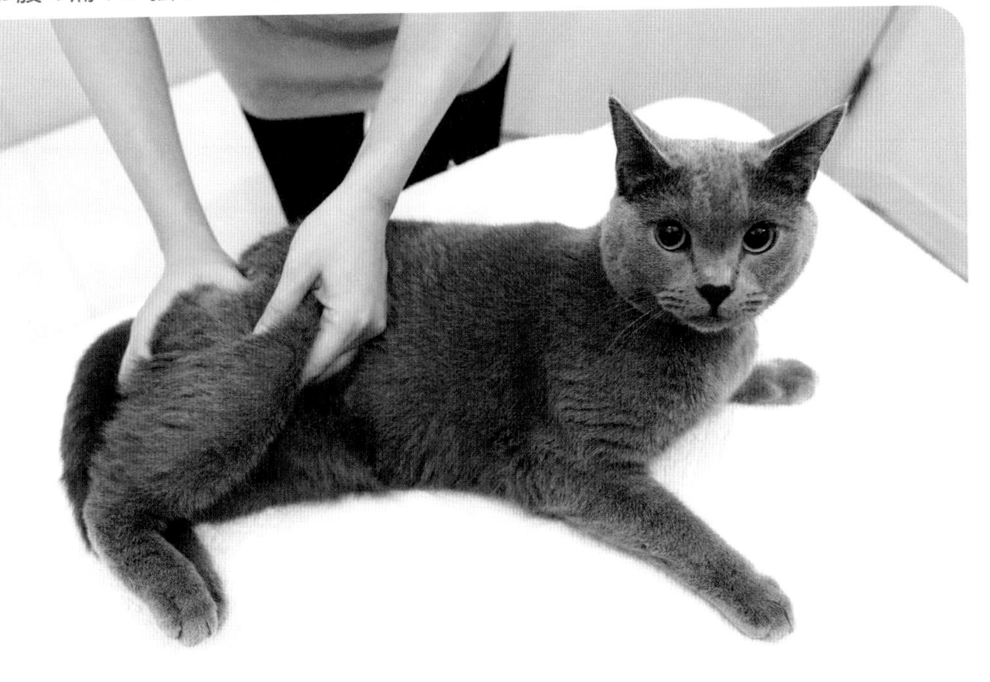

後ろあしの膝(ひざ)上（特に外側を意識）をもみもみ（梁丘(りょうきゅう)）。

【マッサージはなぜ効く？】

ツボを刺激するとなぜ体調が良くなるのでしょう？

東洋医学では、全身をめぐる12本ほどある経絡(けいらく)上を「気」「血」「水」が流れているとされてます。そして病気はその流れが滞っておこると言われています。

簡単に言うと、「気」は血液、水分、臓器などを動かすエネルギー、「血」は血液のようなもの、「水」は血液以外の体液、リンパ液のようなものという認識です。

ツボは「気」が集まるポイントで、大体が経絡上にあります。たとえると、「経絡」が線路で、「ツボ」が駅で、「気」は電車、「血と水」は乗っている人達、という感じです。電車（気）が少なくなったり、止まってしまうと、身体をめぐるはずの人達（血や水）が上手く全身へ行けなくなり、さらに他の線路（経絡）まで影響がでてしまって、身体の不調がでたり病気になるというメカニズムです。

マッサージをしてツボを刺激すると、経絡上の気血水のめぐりが良くなり、本来の健康な状態に戻っていくという流れで体調改善が促されます。

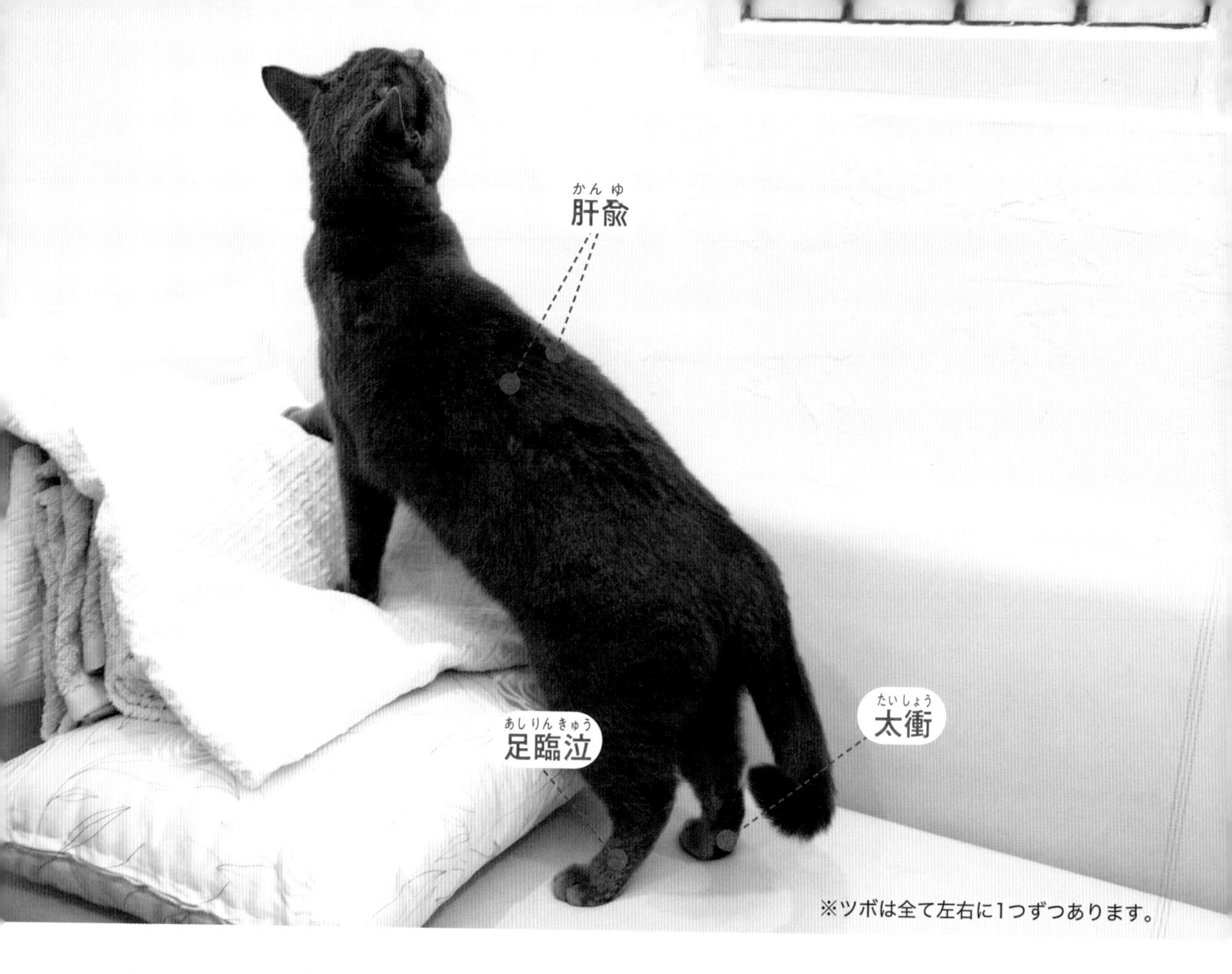

肝臓

❶ 太っている、極端に痩せている

肝臓は血液の貯蔵や解毒、消化機能を担っている器官。
東洋医学では目や筋肉、イライラなどに関係しています。

トラブルの可能性がある部位

肝臓、膵臓、胃腸、内分泌

※病院で「肥満」「糖尿病」「肝臓病（肝数値が高い）」と診断された子にもおすすめです。

他にも対応できる症状

一度にたくさん食べる、怒りっぽい

マッサージの目的・効果

肝臓の働きや血液のめぐりを良くし、代謝をあげる。

施術部位

背中（肝兪）
後ろあし（太衝、足臨泣）

施術方法

ステップ① ➡ 5～10回ずつ。
ステップ②と③ ➡ 3～7回ずつ。

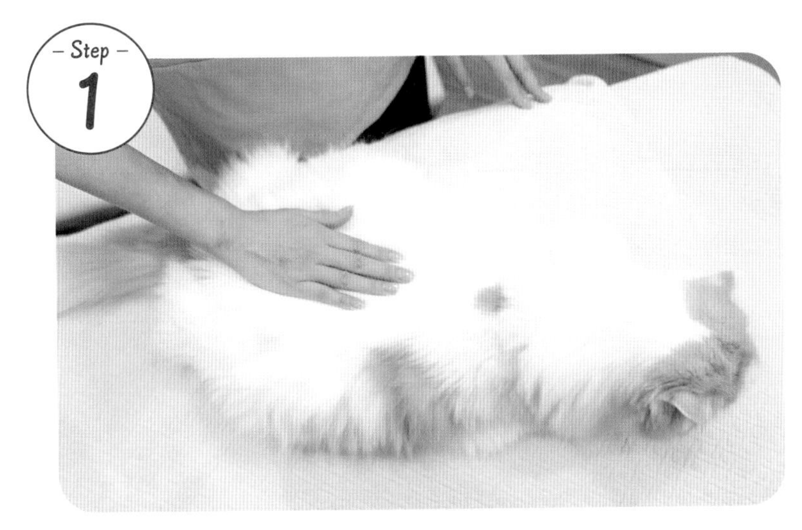

肩甲骨の後ろから、中指を背骨中心、薬指と人差し指を背骨の左右にそわせて、腰あたりまで撫でる（肝兪）。

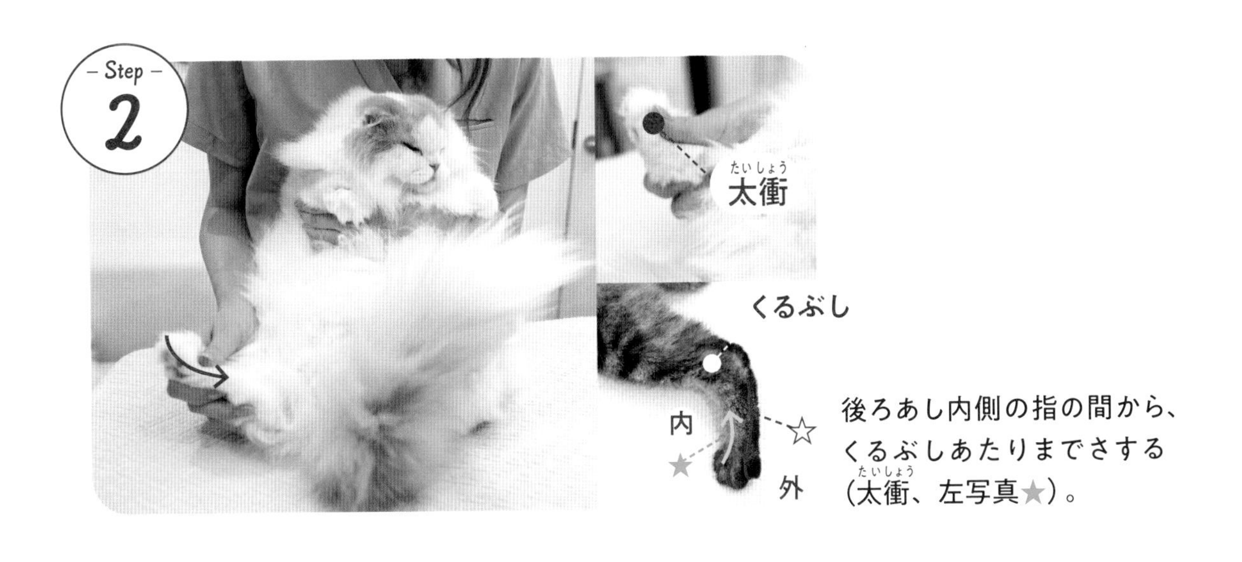

後ろあし内側の指の間から、くるぶしあたりまでさする（太衝、左写真★）。

後ろあし外側のくるぶしあたりから、外側の指の間へさする（足臨泣、Step 2 右下写真☆）。

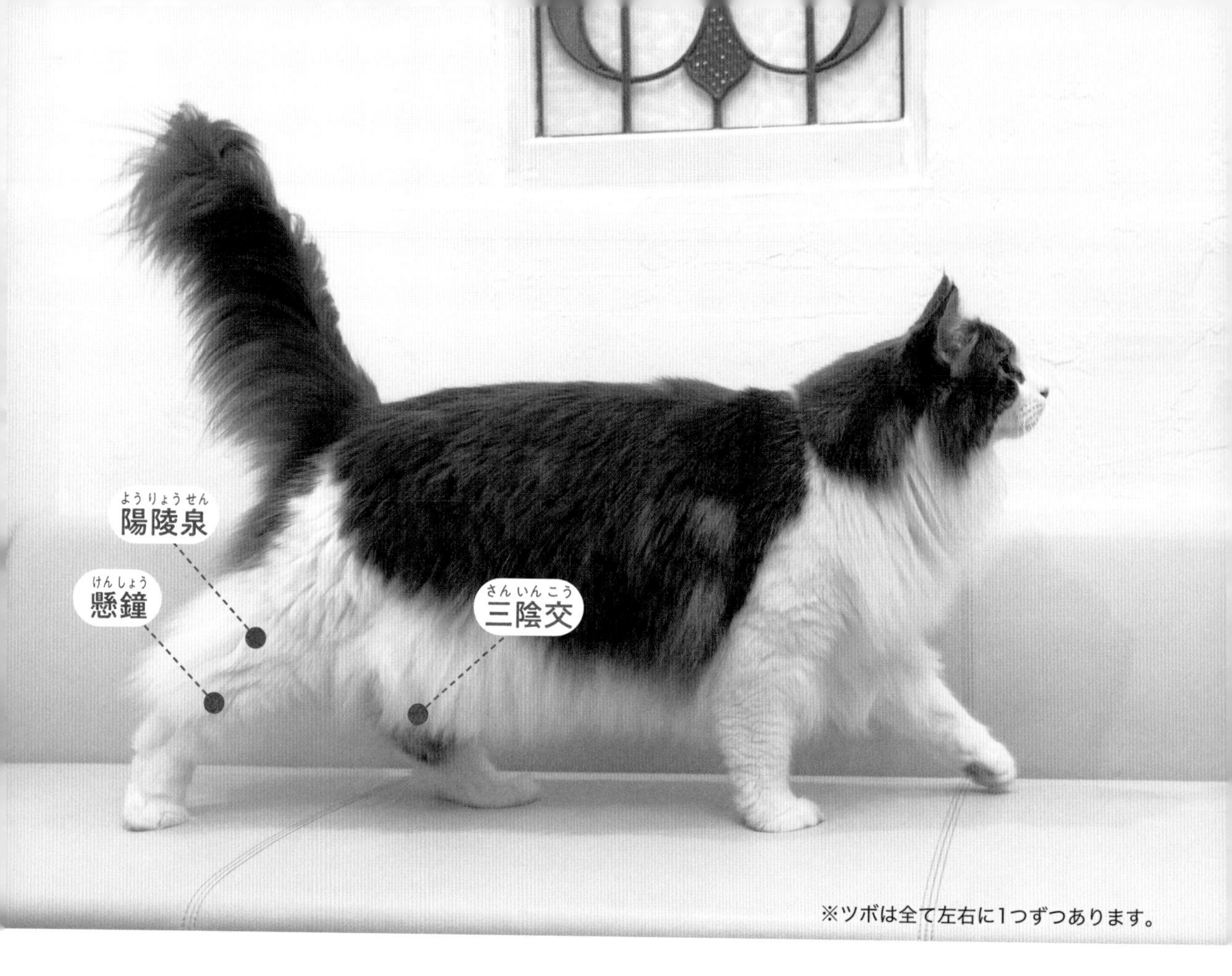

肝臓

❷ 四肢が震える

肝臓は血液の貯蔵や解毒、消化機能を担っている器官。
東洋医学では目や筋肉、イライラなどに関係しています。

トラブルの可能性がある部位

肝臓、筋骨格、神経

※病院で「関節炎」「腰痛」と診断された子にもおすすめです。

他にも対応できる症状

ふらつきがある、ジャンプしづらそう、末端が冷えている

マッサージの目的・効果

血のめぐりを補い、関節や腱を強める。

施術部位

体幹部
後ろあし (陽陵泉、三陰交、懸鐘)

施術方法

ステップ①と② ➡ 5 ～ 10 回ずつ。
ステップ③ ➡ 3 ～ 7 回ずつ。

Step 1

身体の中心あたり（肋骨が終わるあたりに肝臓があります）を手のひらでつつみ、ゆっくり皮膚を動かすように円を描く。

Step 2

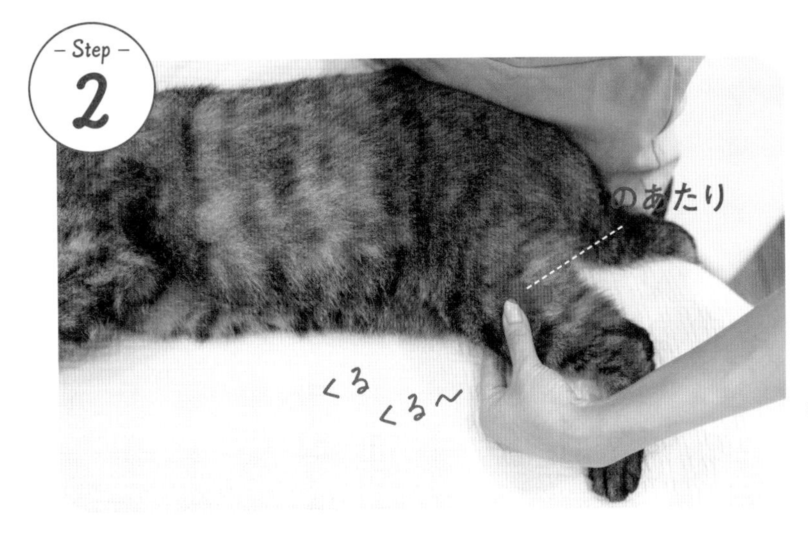

後ろあしの外側、膝横の出っ張り周辺を指の腹でくるくる（陽陵泉）。

Step 3

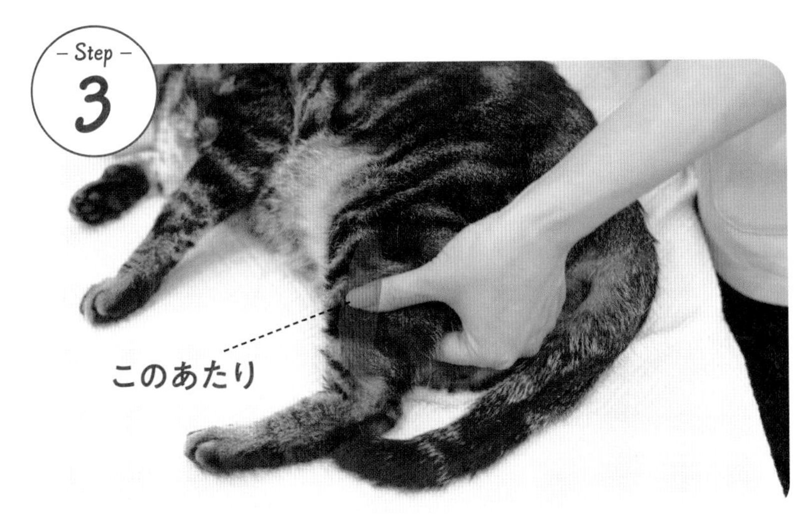

後ろあしの外側と内側を、膝の後から骨に沿って、くるぶしあたりまで、つまんで離してを繰り返す（三陰交、懸鐘）。

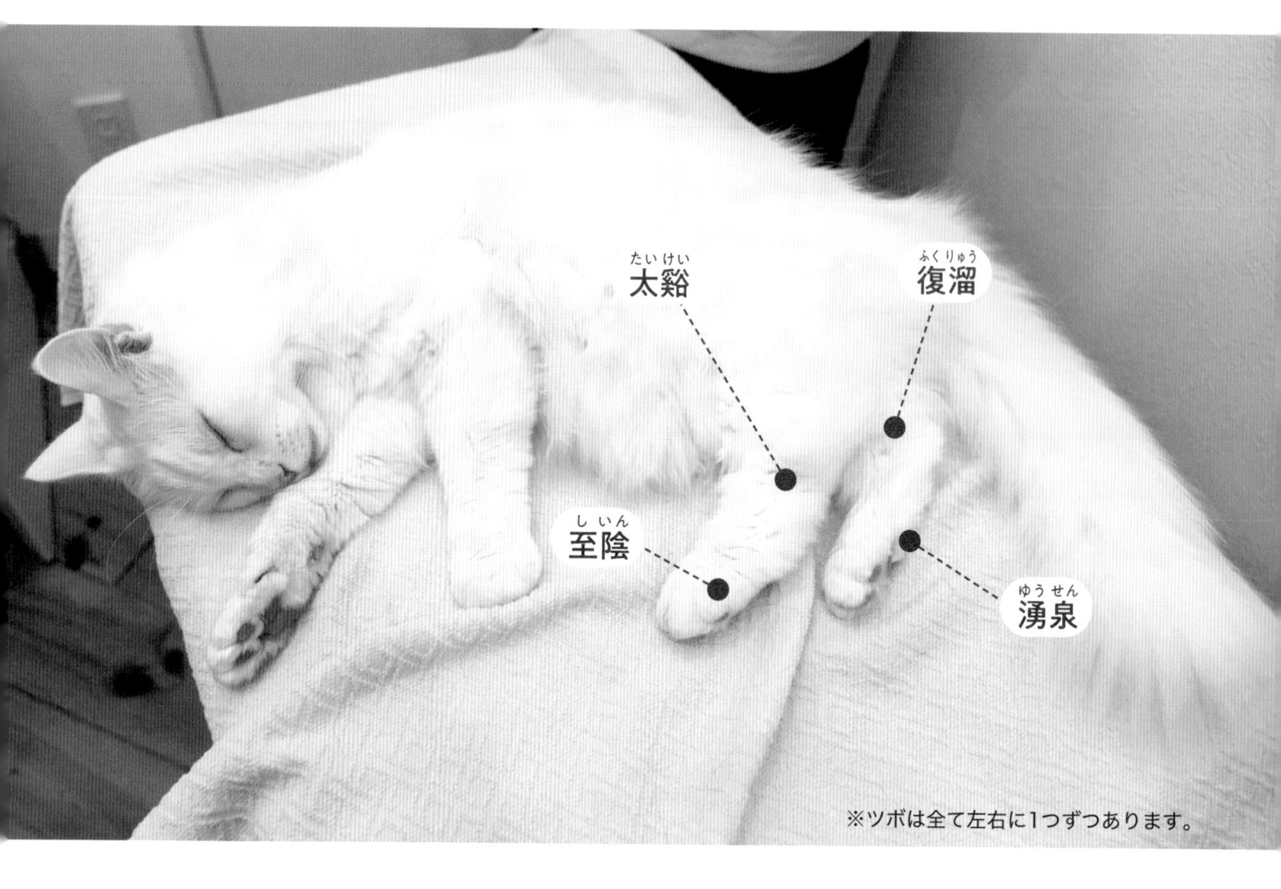

腎臓・膀胱

❶ おしっこの色や回数・量が変化した

腎臓・膀胱は血液をろ過し、毒素や余分な水分を排出する器官。特にシニアの猫で異常が出やすい器官です。東洋医学では気力の源であり、老化に関係しています。

トラブルの可能性がある部位

腎臓、膀胱、内分泌

case1 **色薄い、量多い**
※病院で「腎臓病」と診断された子にもおすすめです。

case2 **色濃い、量少ない**
※病院で「膀胱炎」「膀胱結石」と診断された子にもおすすめです。

マッサージの目的・効果

case 0 **水分代謝を調節する。**

case 1 **腎臓の働きを助け、全身のエネルギーの調整をする。**

case 2 **膀胱の働きを助け、臓器の炎症を抑える。**

施術部位

case 0 後ろあし肉球（湧泉）、かかと周辺（太谿）

case 1 背中～体幹側面
膝下～くるぶし（復溜）

case 2 腰、骨盤内側～大腿部付け根～膝裏
後ろあし指先（至陰）

施術方法

各ステップ５～10回ずつ。

case 0 おしっこトラブルの時はまずコレ

後ろあしの大きな肉球を押す（湧泉）。

くるぶしと踵の間をつまむ（太谿）。

case 1 尿の色が薄い、量が多い

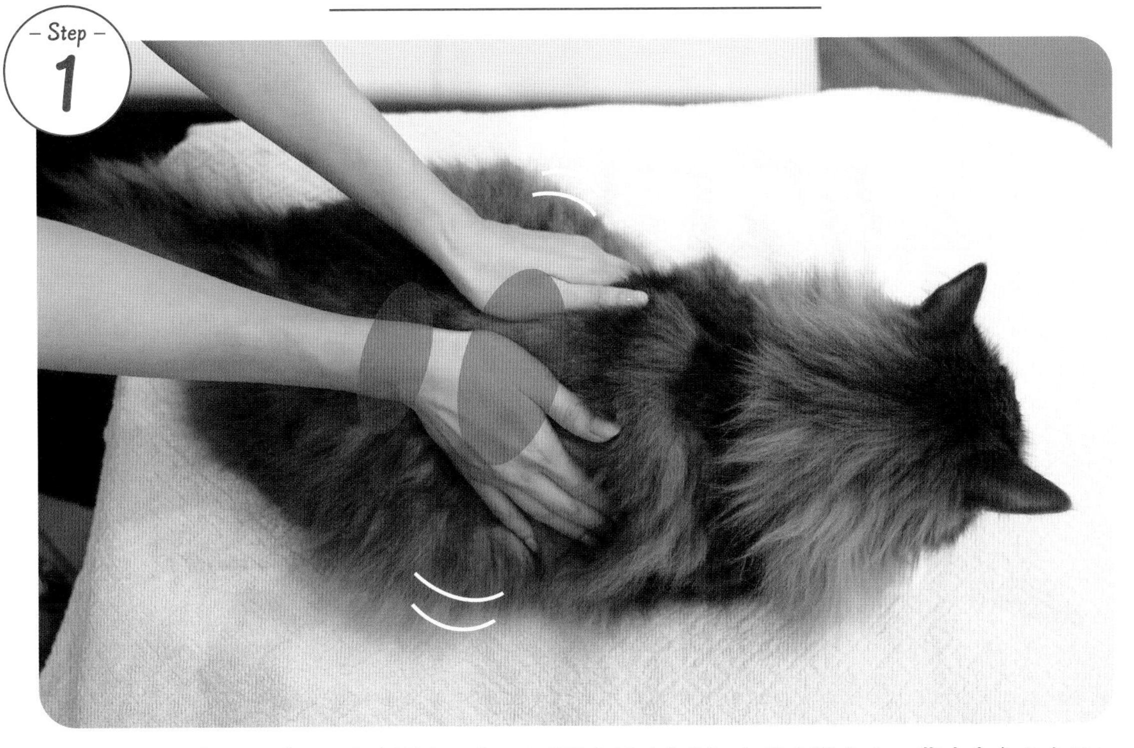

背中から腰あたりに手のひらを置き、ゆっくり円を描くように皮膚を動かす。背中中心あたりと、腰あたりの2カ所で行なう。

– Step –
2

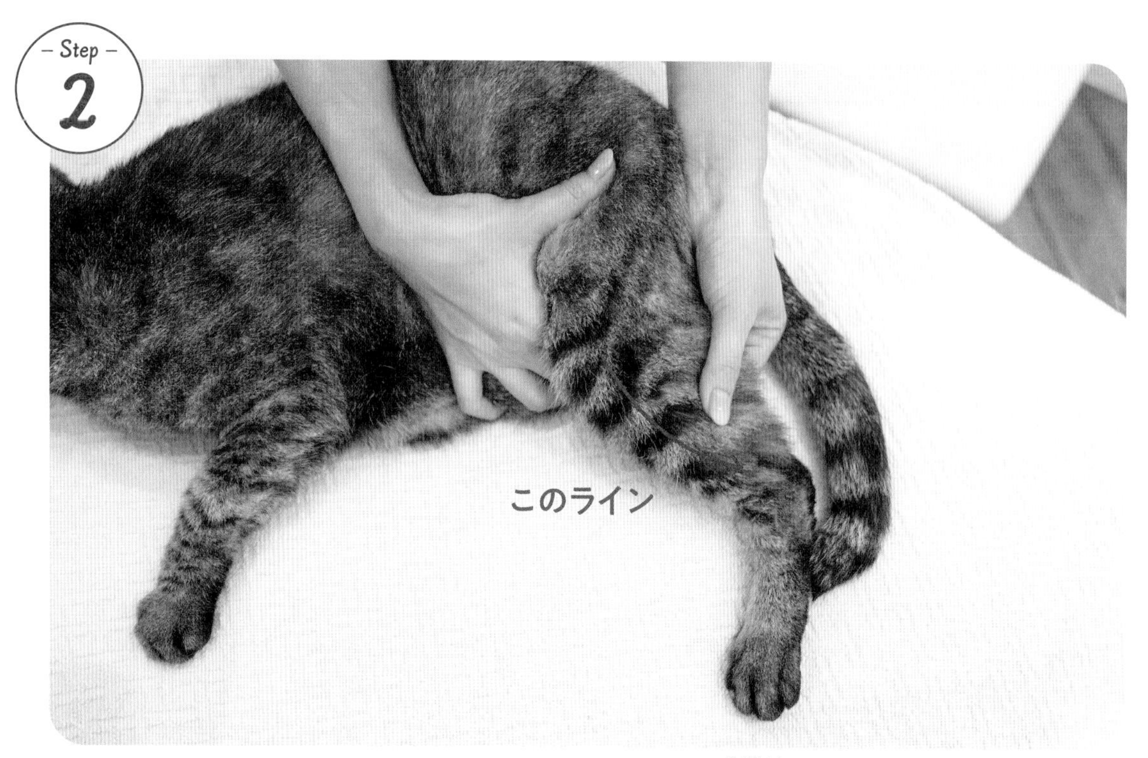

膝下からアキレス腱に沿って、つまんで離してを繰り返す（復溜）。

case 2 尿の色が濃い、量が少ない

– Step –
1

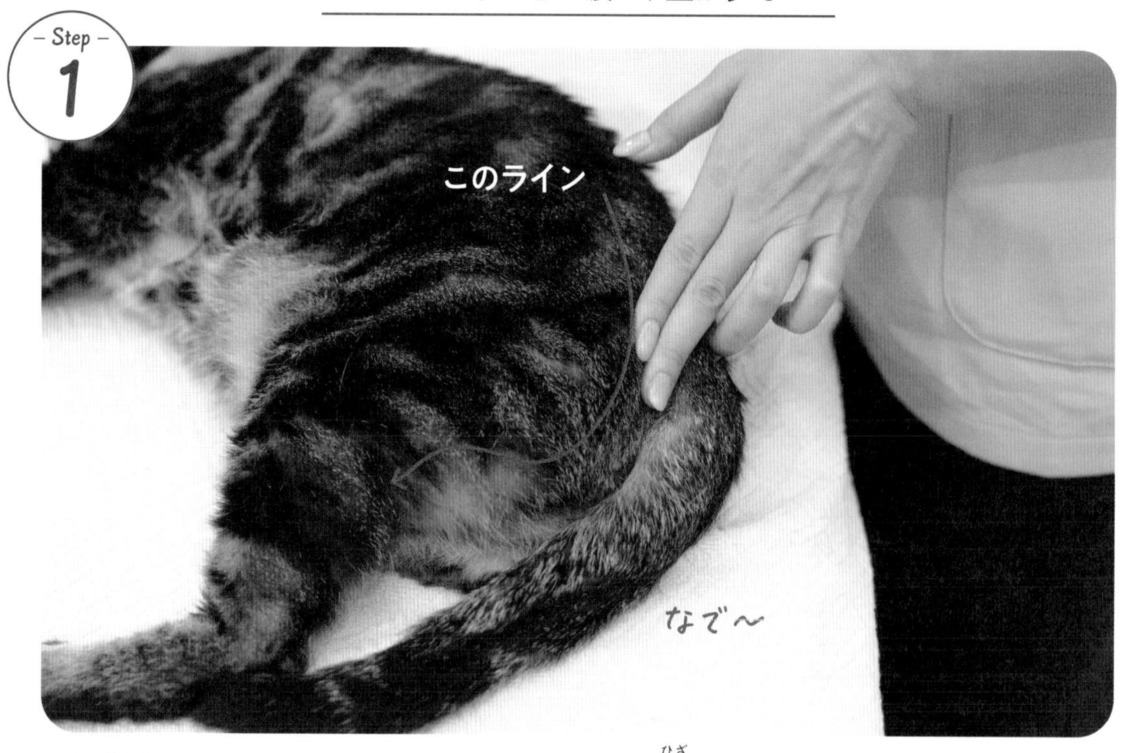

骨盤内側から尻尾の左右を通って、太ももの尾側から膝へ、指2、3本を使って撫でていく。

後ろあしの小指(外側)の爪の付け根をつまんで、もみもみ(至陰)。

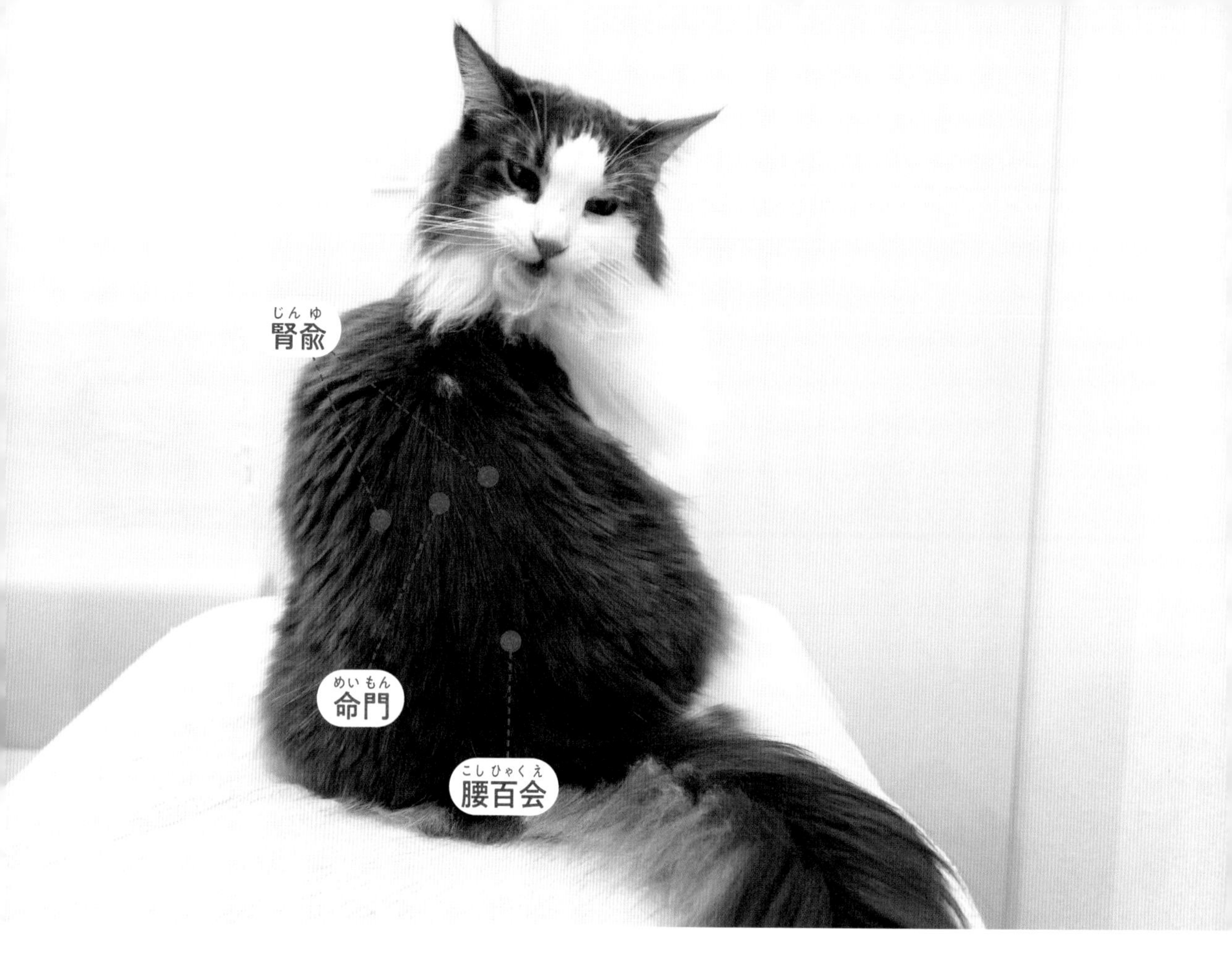

腎臓・膀胱

❷ 尿もれがある

腎臓・膀胱は血液をろ過し、毒素や余分な水分を排出する器官。特にシニアの猫で異常が出やすい器官です。東洋医学では気力の源であり、老化に関係しています。

トラブルの可能性がある部位

腎臓、膀胱、神経、筋肉

※病院で「腎臓病」と診断された子にもおすすめです。

他にも対応できる症状

元気がない、寝る時間が増えた

マッサージの目的・効果

腰を温めて、腎臓の働きを整える。

施術部位

背中〜腰（腎俞、命門）
骨盤周辺（腰百会）

施術方法

ステップ① ➡ 1 〜 3 分。
ステップ②と③ ➡ 3 〜 10 回ずつ。

Step 1

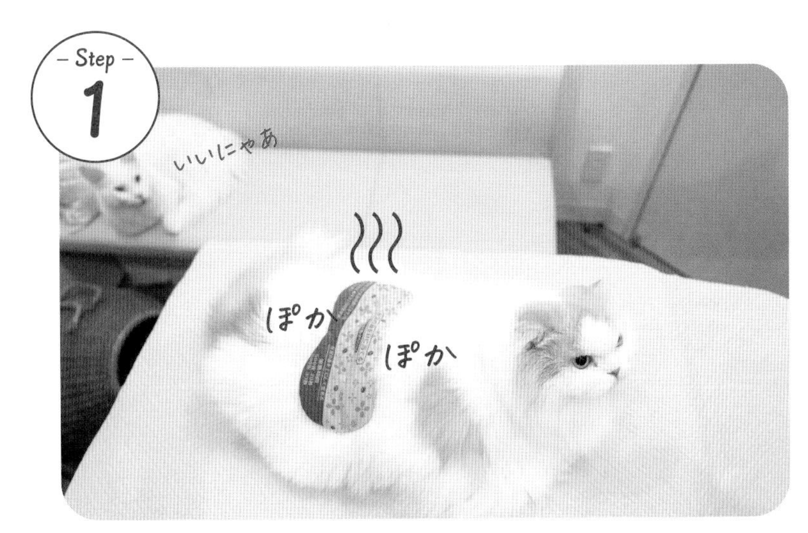

腰まわりを温める。

Step 2

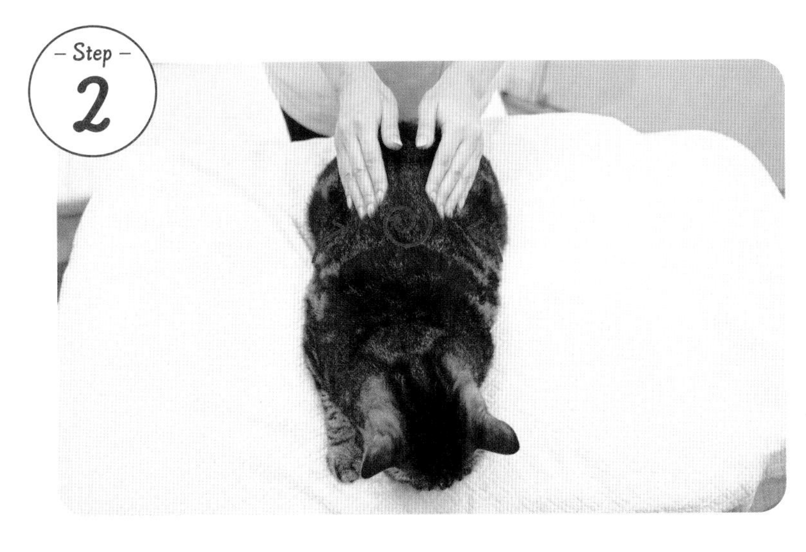

肋骨の終わりから背中中心に向けて指2 ~ 4本でさすり、中心から周辺をくるくる（腎兪(じんゆ)）。

Step 3

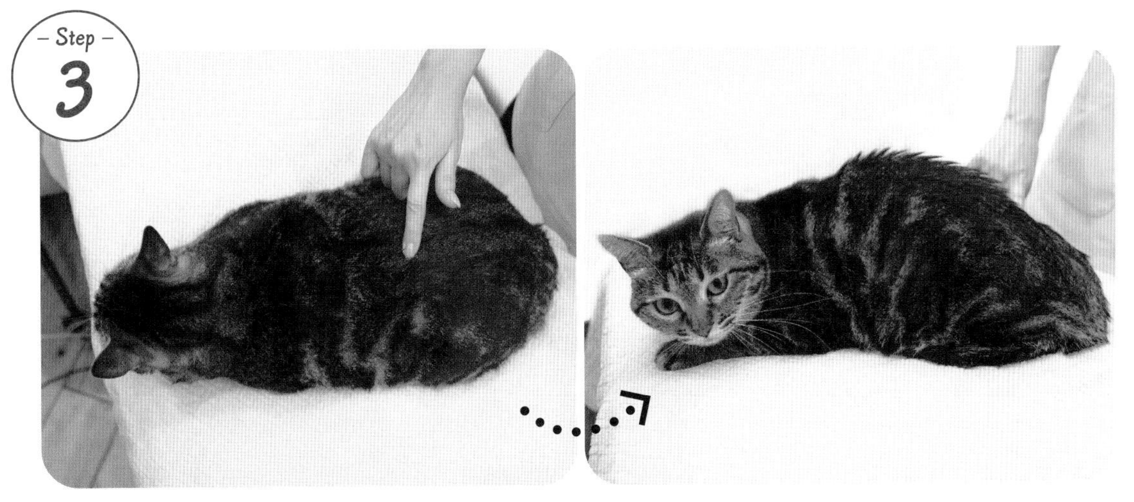

背骨中心のへこみを肩甲骨の後ろあたりから1つずつ確認しながら、へこみとその周辺を優しくさする（命門(めいもん)）。

背骨のへこみを、1つずつ後ろにさすっていき、骨盤の内側まで（腰百会(こしひゃくえ)）。

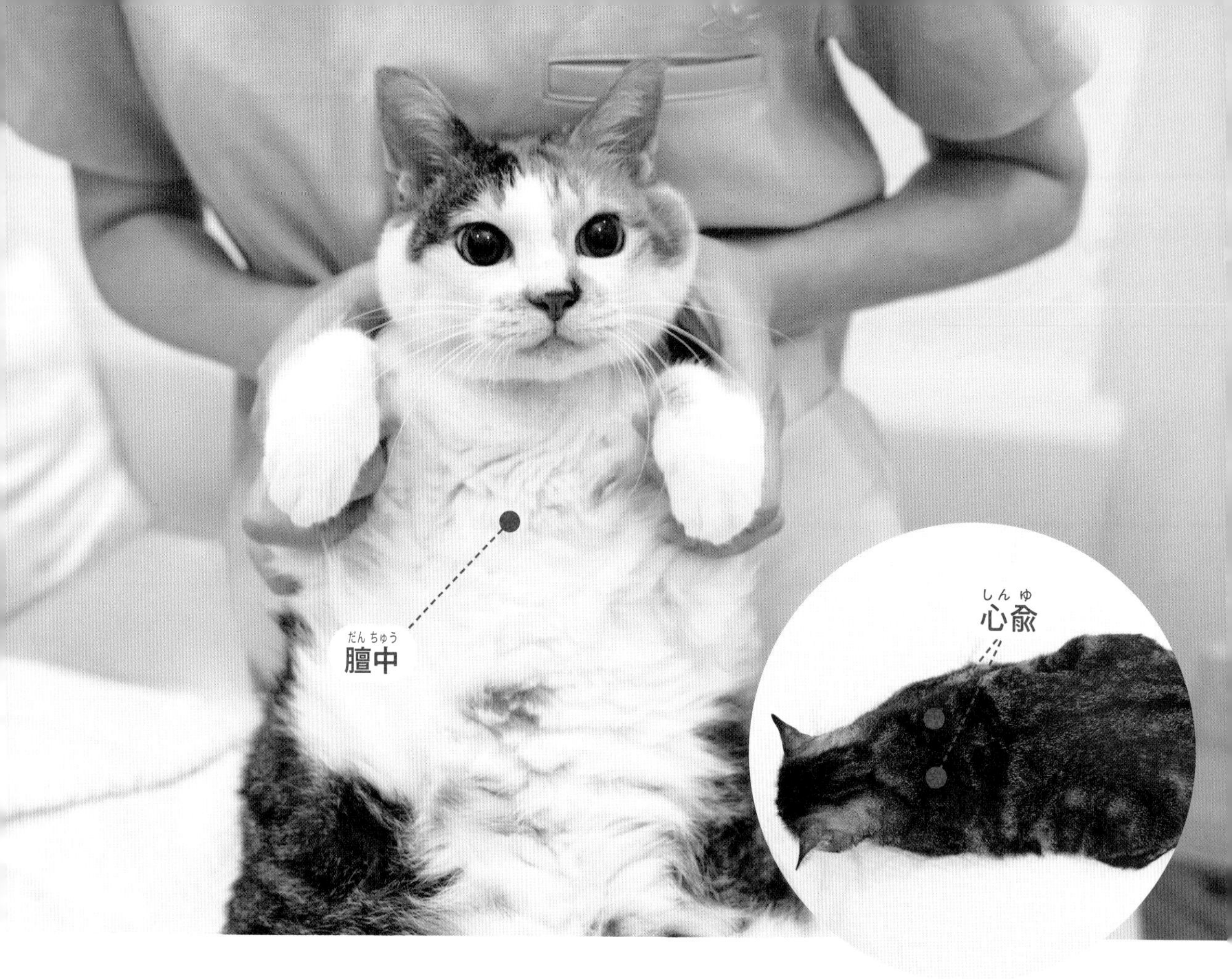

心臓

❶ 疲れやすい、あまり動かなくなった

心臓は全身に血をめぐらせている器官。
東洋医学では、感覚や感情など精神のバランスに関係しています。

トラブルの可能性がある部位

全身、心臓

※病院で「心筋症」「心臓弁膜症」と診断された子にもおすすめです。

他にも対応できる症状

舌の色が紫っぽい、少し動くと開口呼吸する、咳が出やすい

マッサージの目的・効果

心臓の働きを整え、水分の移動をスムーズにする。

施術部位

肩甲骨から首
前胸部（膻中）
背中上半身（心兪）

施術方法

各ステップ３～10回ずつ。

病院で心臓に異常があると診断されている子は特に、優しめに様子をみながら行なう。

Step 1

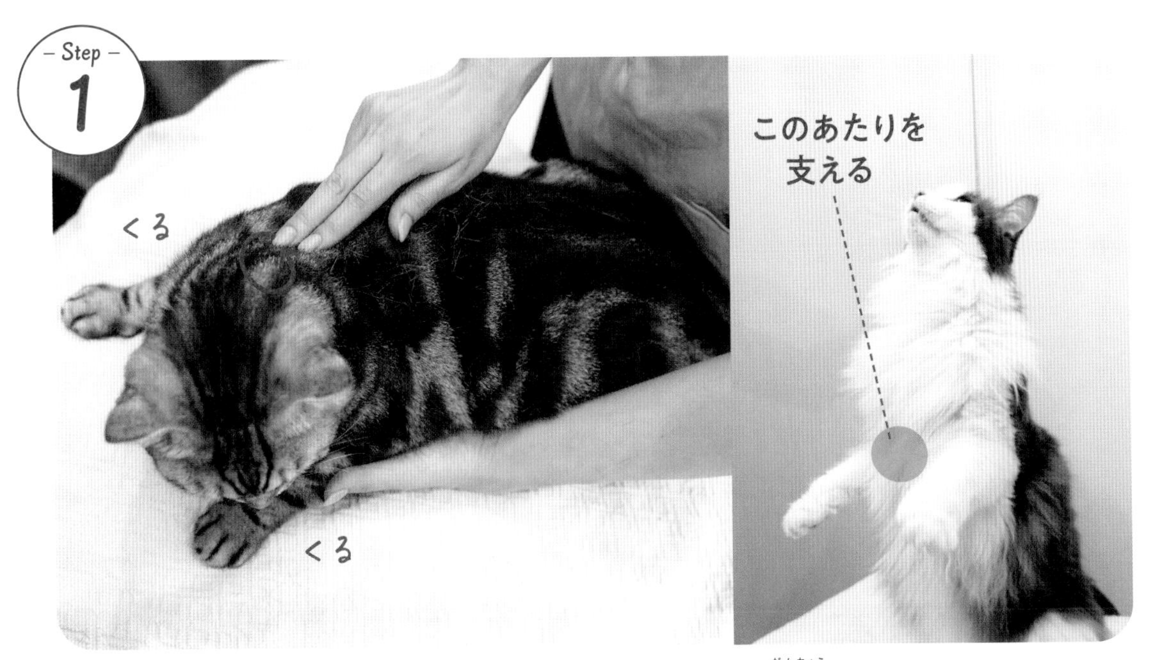

前胸部を手のひらで支え、肩甲骨の間を指2、3本でくるくる(膻中)。

Step 2

首の側面から肩甲骨あたりまでをさする。 特に左側を重点的に。

Step 3

肩甲骨の後ろを指3、4本でさすっていく(心兪)。

Step 4

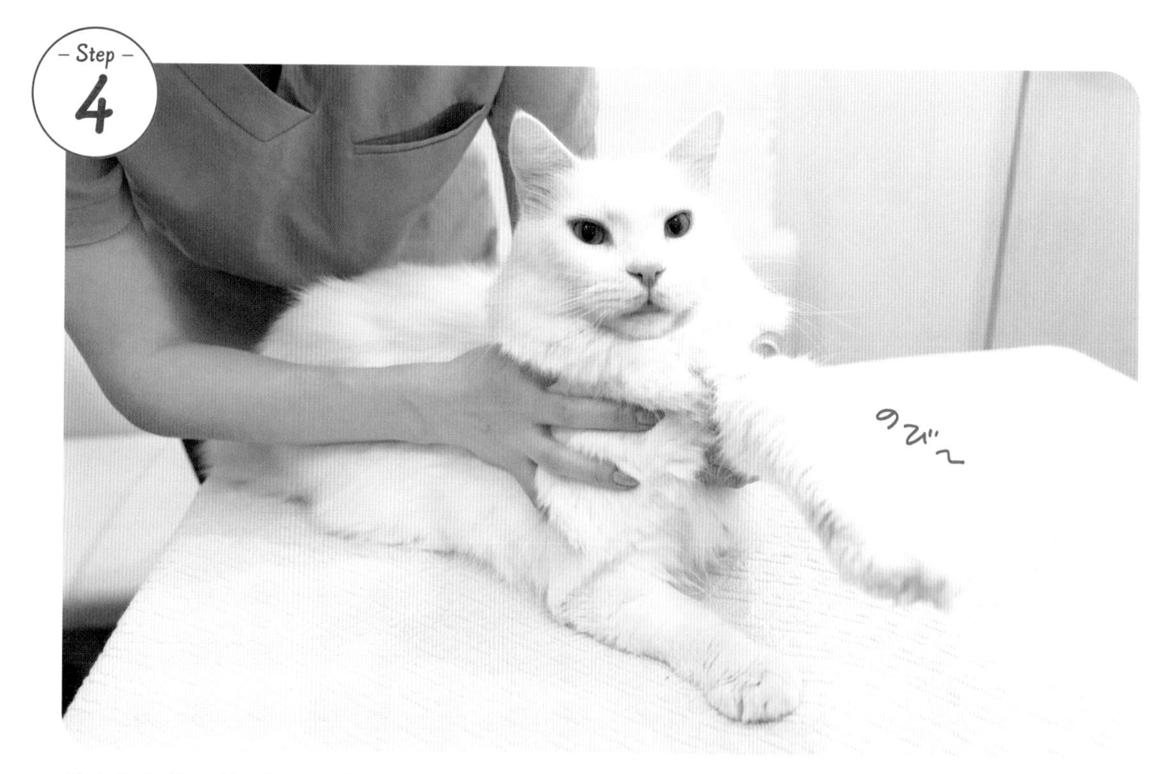

前あしを前に伸ばしてストレッチ。 5～10秒キープ。

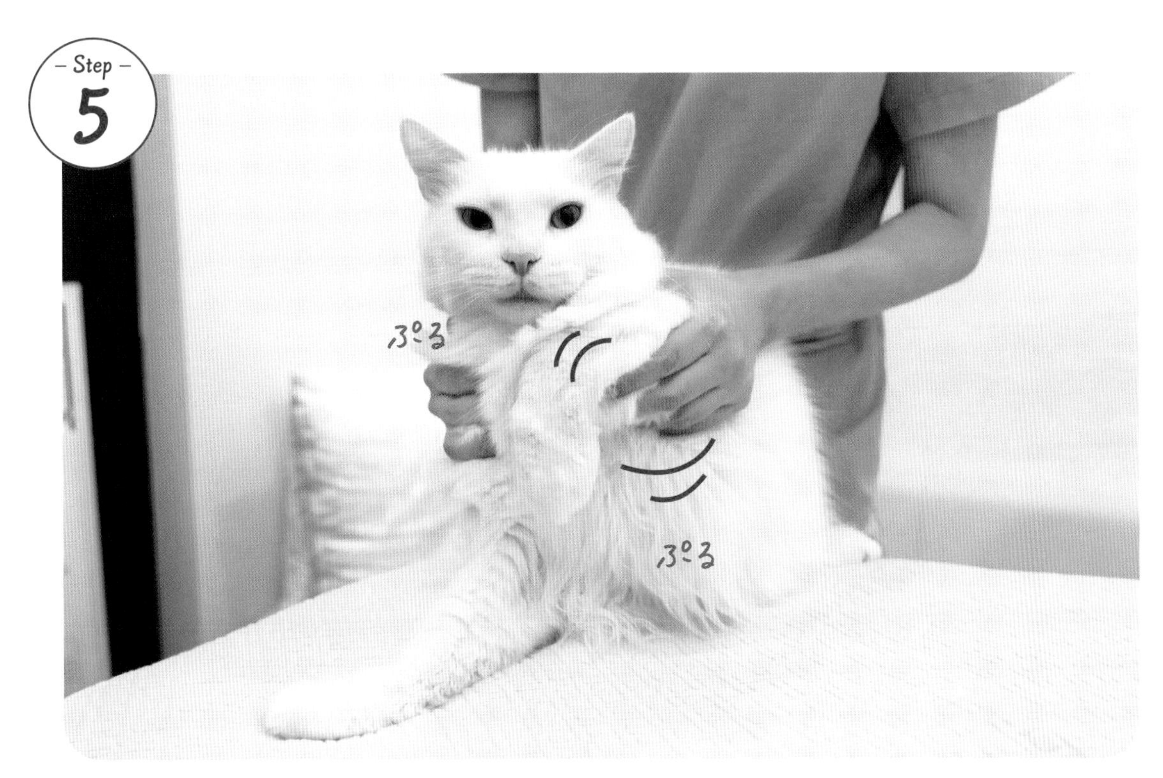

前あしを曲げてぷるぷるゆらす。

【シニア猫の魅力】

シニア猫になると病気や健康上で気になるところがたくさん出てくると思います。でももちろん悪いことばかりではありません。

一緒に過ごしている飼い主さんが1番わかっているかと思いますが、愛猫がシニアになってくるとだんだんとコミュニケーションがとりやすくなってきます。

今までの経験とシニアならではの落ち着きが出てくるので、こちらが話しかけた言葉も大体理解をして、何かしら反応してくれます。反応がわかりづらかったり、「え、無視？」と思っても（猫はツンデレな子が多いので）、愛猫は語りかけた言葉を、私たちが思った以上に理解しています。若い時とはやりとりの深さが変わってきて、更に愛しくなってくると思います。愛猫に話しかけた後、ゆったりした気持ちで、愛猫の表情や行動を注意深くみていくと新しい発見があるかと思います。

シニア猫との絆を感じながら1日1日を楽しんで暮らしてもらえたら嬉しいです。

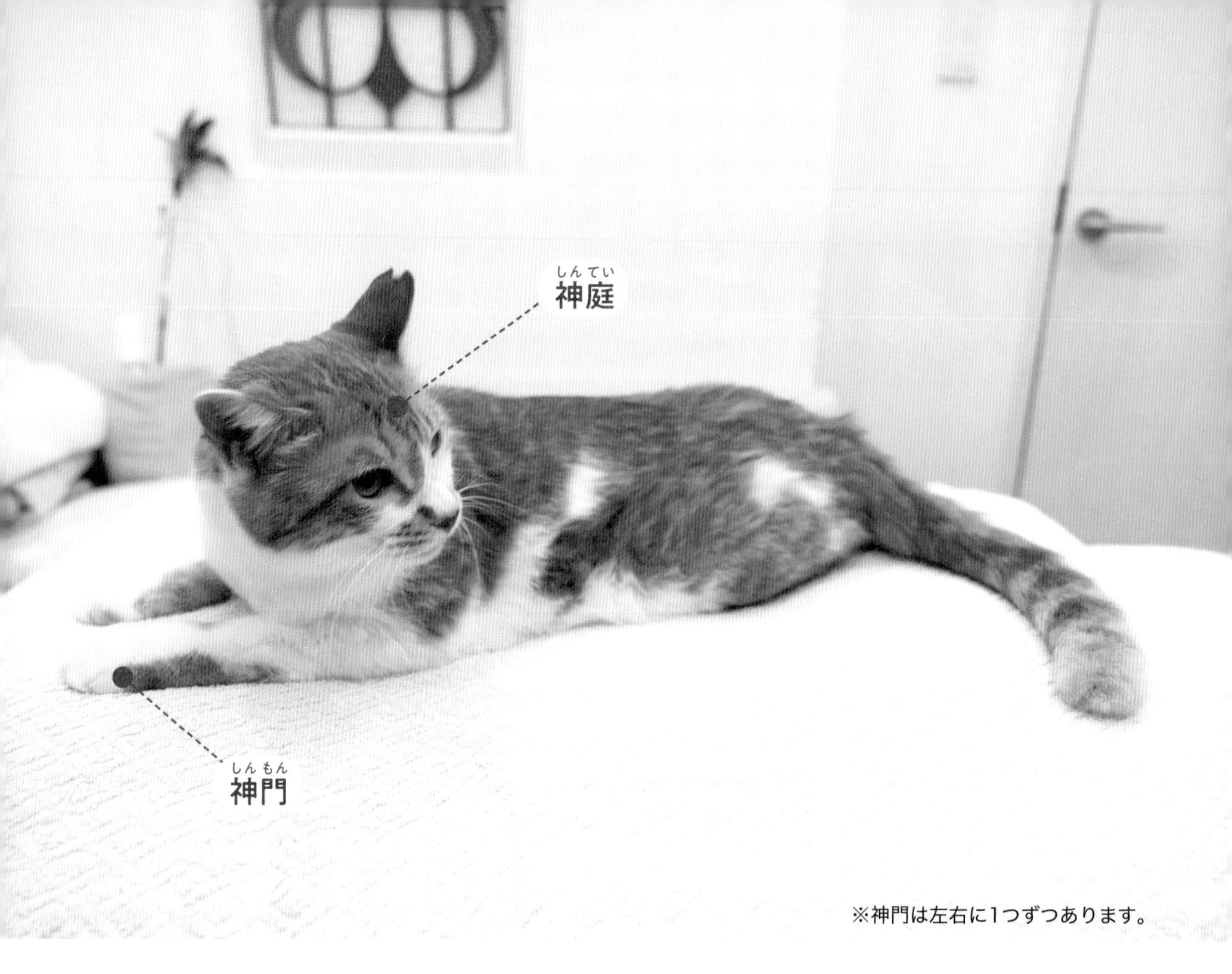

※神門は左右に1つずつあります。

心臓 ❷落ち着かない

心臓は全身に血をめぐらせている器官。
東洋医学では、感覚や感情など精神のバランスに関係しています。

トラブルの可能性がある部位

全身、心臓、脳、神経

他にも対応できる症状

おしっこによく行きたがる、食欲が落ちる、寝る時間が少ない

マッサージの目的・効果

精神安定させて、気の流れを整える。

施術部位

頭部（神庭）
前あし（神門）

施術方法

各ステップ５～１０回ずつ。

Step 1

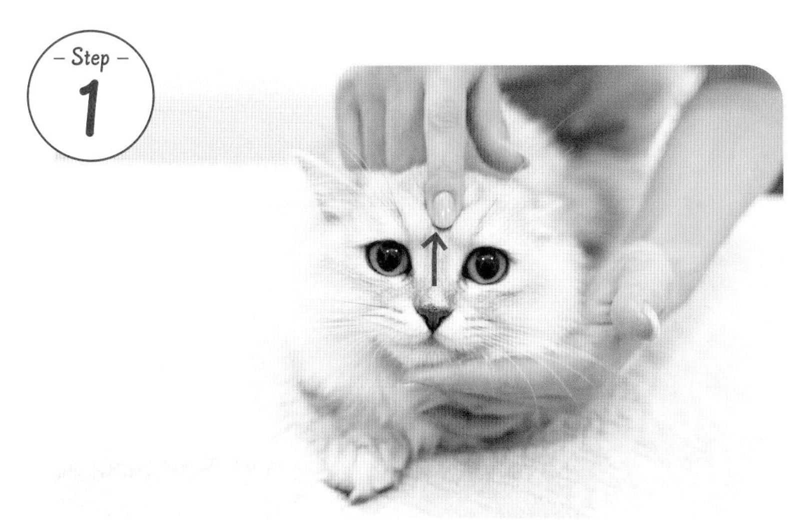

目と目の間から頭頂部に向かってさする（神庭）。

Step 2

眉間や頭部で、触れられると気持ち良さそうな部分を、指1、2本でくるくる。

Step 3

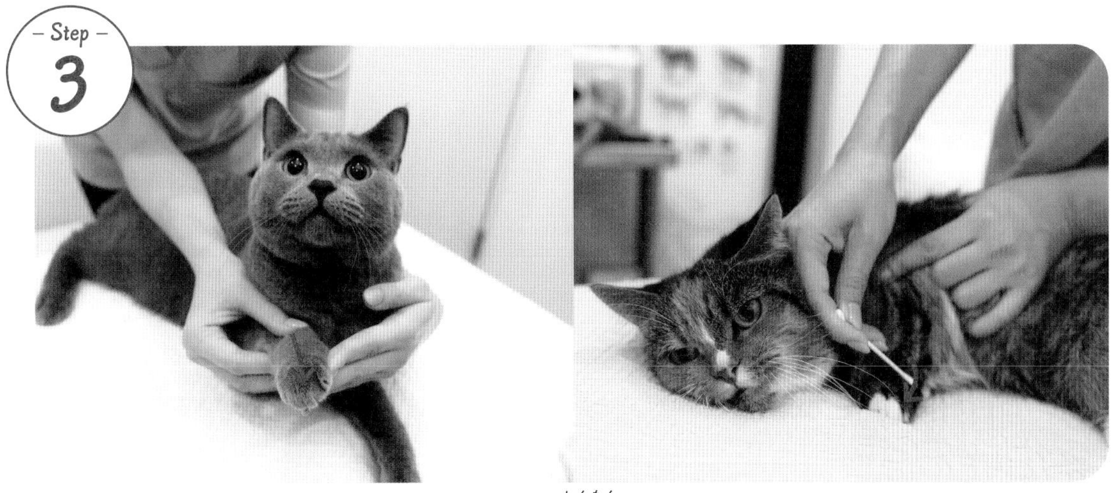

前あしの手首外側から小指に向かってさする（神門）。指を嫌がる場合は綿棒を使ってもいい。

皮膚、毛

❶ 毛艶がない、毛がパサパサ

皮膚や毛は、身体を守っており腸の状態などに関係しています。
東洋医学では水分や血液の不足で異常が起きやすい場所です。

トラブルの可能性がある部位

皮膚、内分泌、腎、消化器、全身

※病院で「栄養不足」「糖尿病」と診断された子にもおすすめです。

他に対応できる症状

毛繕いの回数が減った、爪が太い、爪が乾燥していたり汚れていたりする、元気がない

マッサージの目的・効果

気のめぐりを良くして水分や血液を全身に行き渡らせる。

施術部位

指先（井穴）
頭部（頭百会、四神総）

施術方法

ステップ① ➡ 3～5回ずつ。
ステップ②と③➡ 5～10回ずつ。

Step 1

前あし、後あしの爪の根元をもみもみ（井穴）。
できれば両手足。難しければ、できる爪だけでもOK。

Step 2

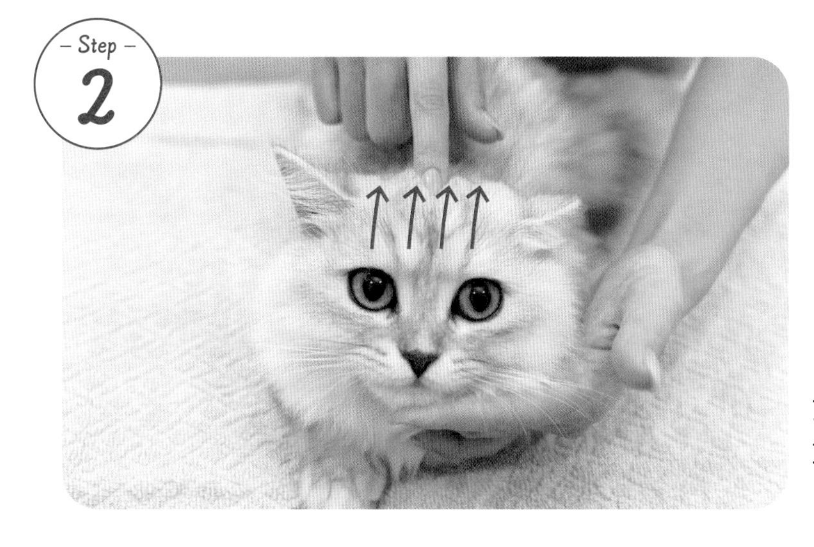

耳と耳の間、前頭部から頭頂部を毛並みに沿って細かく撫でる（頭百会）。

Step 3

頭頂部をまんべんなくとんとんとん（四神総）。

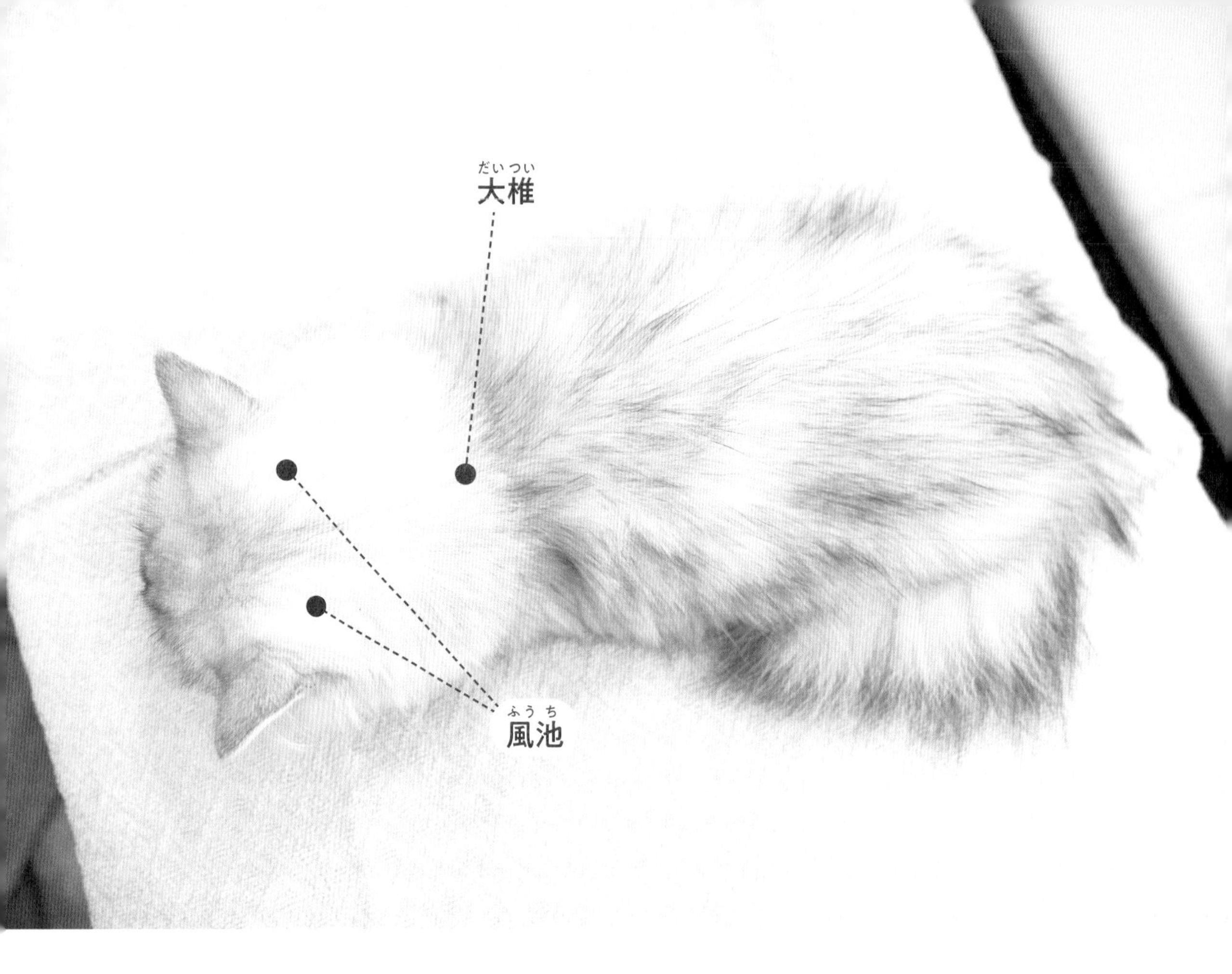

皮膚、毛

❷ 抜け毛が増える

**皮膚や毛は、身体を守っており腸の状態などに関係しています。
東洋医学では水分や血液の不足で異常が起きやすい場所です。**

トラブルの可能性がある部位

皮膚、内分泌、全身

※病院で「甲状腺機能亢進症」と診断された子にもおすすめです。

他に対応できる症状

皮膚をよく掻いている、フケが増える、皮膚をつまむと戻りが遅い

マッサージの目的・効果

皮膚表面の熱をとって、代謝を安定させる。

施術部位

首後ろ（風池）
上半身（大椎）

施術方法

各ステップ３～１０回ずつ。

指でもOKですが、コームやブラシを使うと効果的。

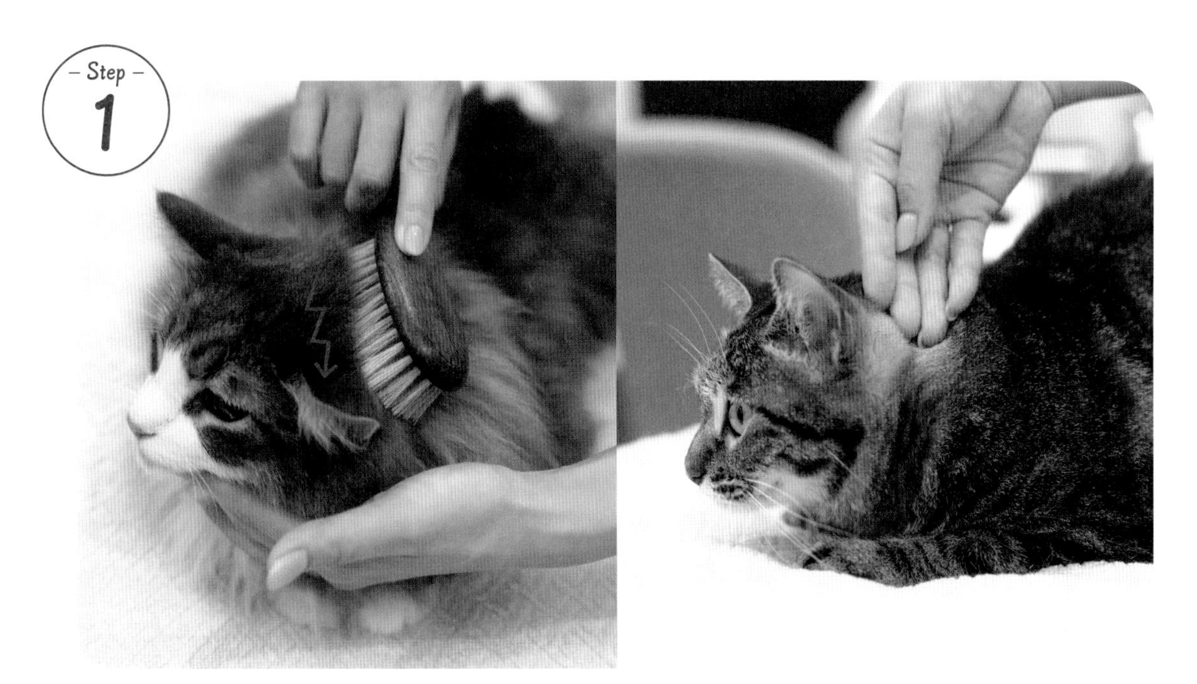

〈ブラシを使って〉 耳後ろにブラシをあて、圧をかけながら細かく揺らす（風池）。

〈爪を使う場合〉 爪の部分を耳の後ろにあてて細かく動かす。

首まわりを毛並みの沿って、上から下にブラッシング。

Step 3

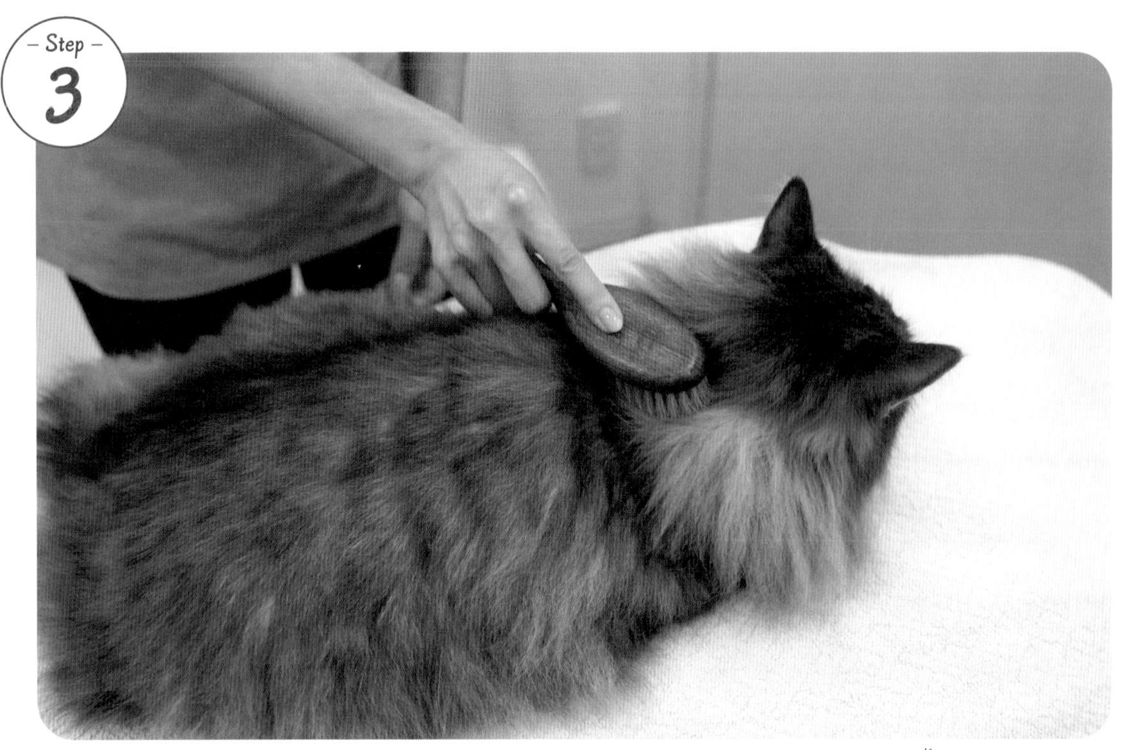

〈ブラシを使って〉肩甲骨の間にブラシをあて、圧をかけながら細かく揺らす(大椎)。

〈爪を使う場合〉爪を使って肩甲骨の間をこちょこちょする感じ。

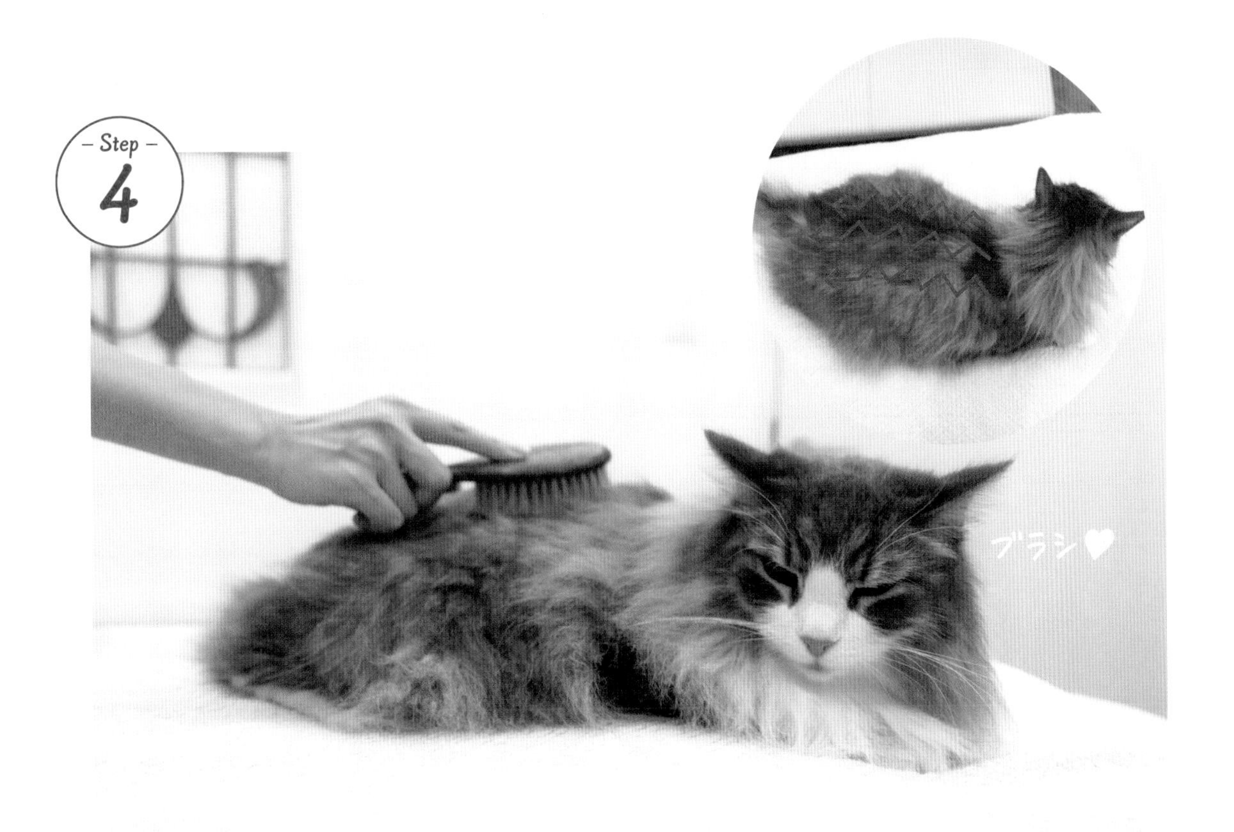

〈ブラシを使って〉背中でブラシを細かく揺らしながら尾の方へ。真ん中と左右側面も。

〈爪を使う場合〉爪を使って背中や側腹部をガシガシする感じ。

運動器

❶ あまりジャンプしなくなった

シニアになると筋力が落ちてきて、踏ん張りがききづらくなったり、
関節の痛みなどが出やすくなります。

トラブルの可能性がある部位

腰、股関節、膝関節、筋肉

※病院で「椎間板ヘルニア」「馬尾症候群」と診断された子にもおすすめです。

他にも対応できる症状

動き方がゆっくり、立ちづらそう

マッサージの目的・効果

腰から後ろあしの痛みを軽減させる。

施術部位

後ろあし（環跳、委中）

施術方法

各ステップ３～10回ずつ。

ここでは特に左右差を確認して、筋肉の硬さやコリなどが多い方を多めに行なう。ただし嫌がる場所は無理に行なわない。

Step 1

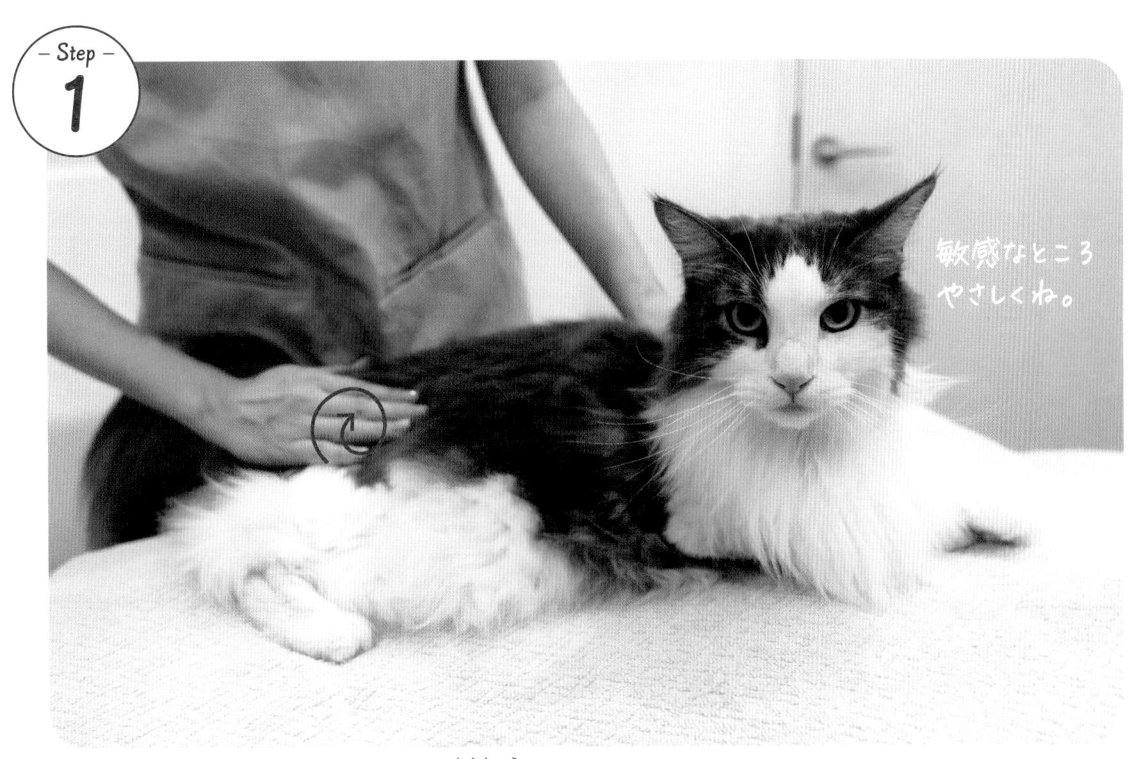

後ろあしの付け根を優しくくるくる(環跳)。

Step 2

太もも外側

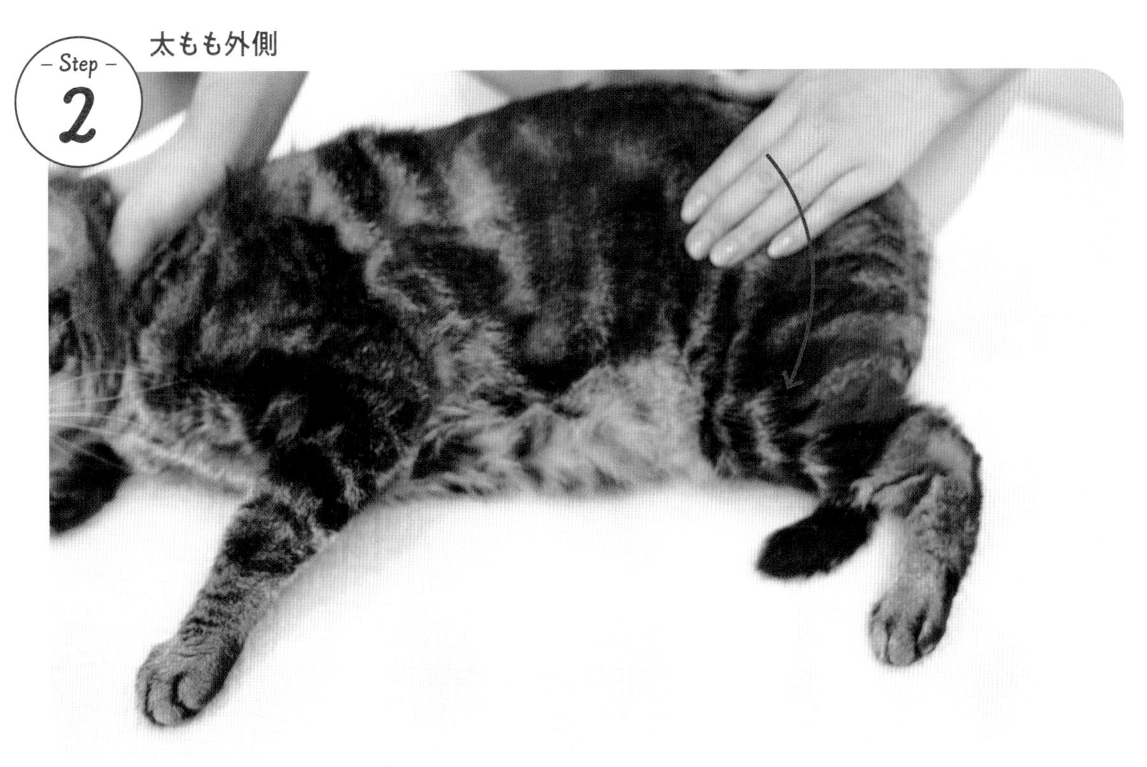

太ももの表面を付け根から膝にむけてさすっていく。 筋肉の張り感やコリなど左右で違いがないか、確認できるとgood！

Step 3 太もも内側

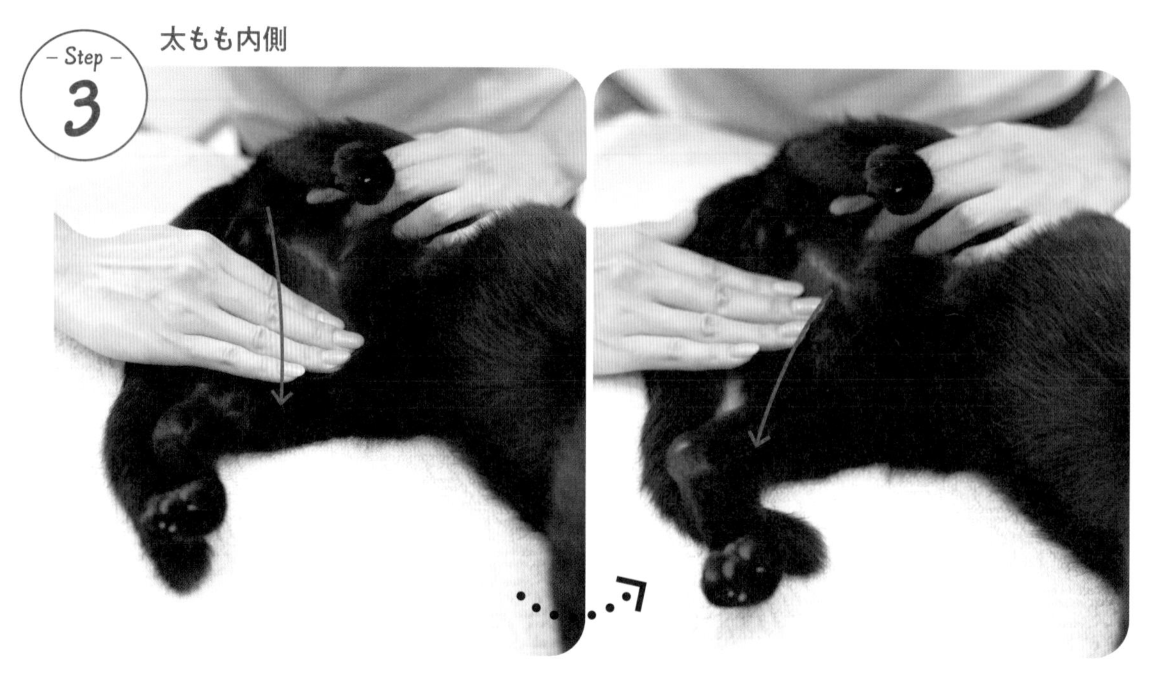

前側（頭側）を付け根から斜め前にさする。

真ん中あたりを付け根から下にさする。

Step 4 太もも後ろ

太ももの後ろ側を付け根から膝裏へさすっていく。

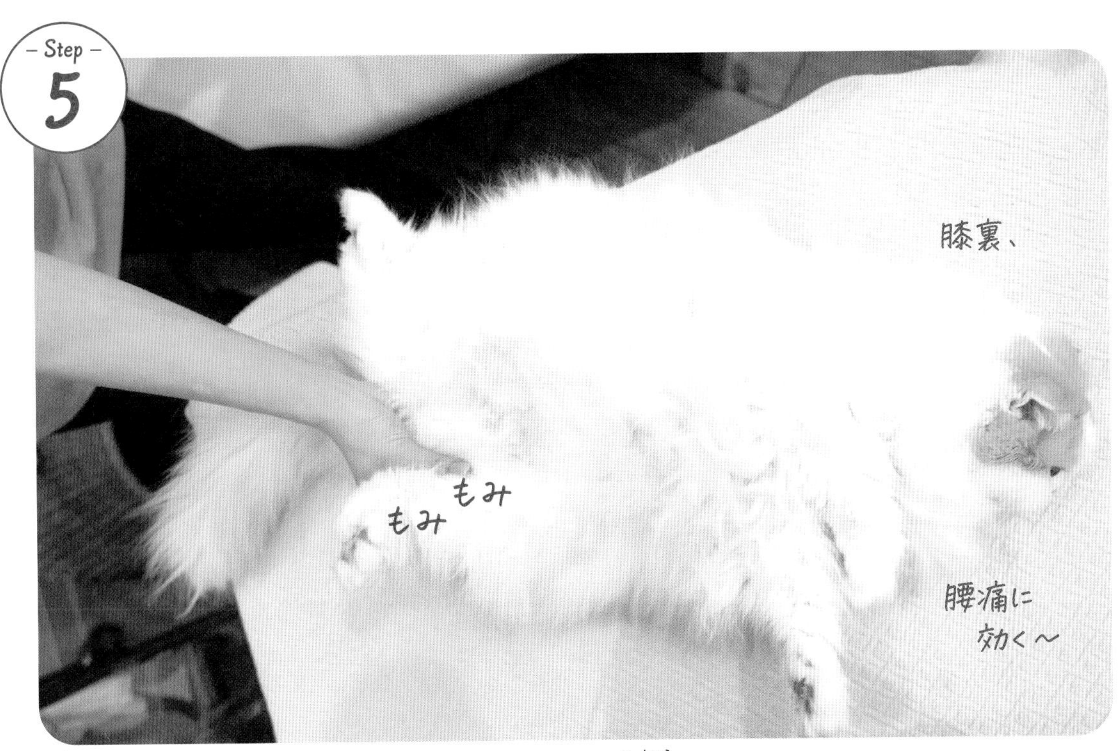

膝の裏を指の腹で優しく押す、もしくはもみもみ（委中）。

運動器

❷ 歩き方がおかしい

シニアになると筋力が落ちてきて、踏ん張りがききづらくなったり、
関節の痛みなどが出やすくなります。

トラブルの可能性がある部位

背骨、関節、筋肉

※病院で「椎間板ヘルニア」「変形性脊椎症」と診断された子にもおすすめです。

他にも対応できる症状

背中を触られるの嫌がる、怒りっぽい、
毛繕いの頻度が減る

マッサージの目的・効果

背骨まわりの痛みを軽減させる。

施術部位

後頭部〜首（脳戸、完骨）
肩甲骨間（大椎）

施術方法

各ステップ５〜10回ずつ。

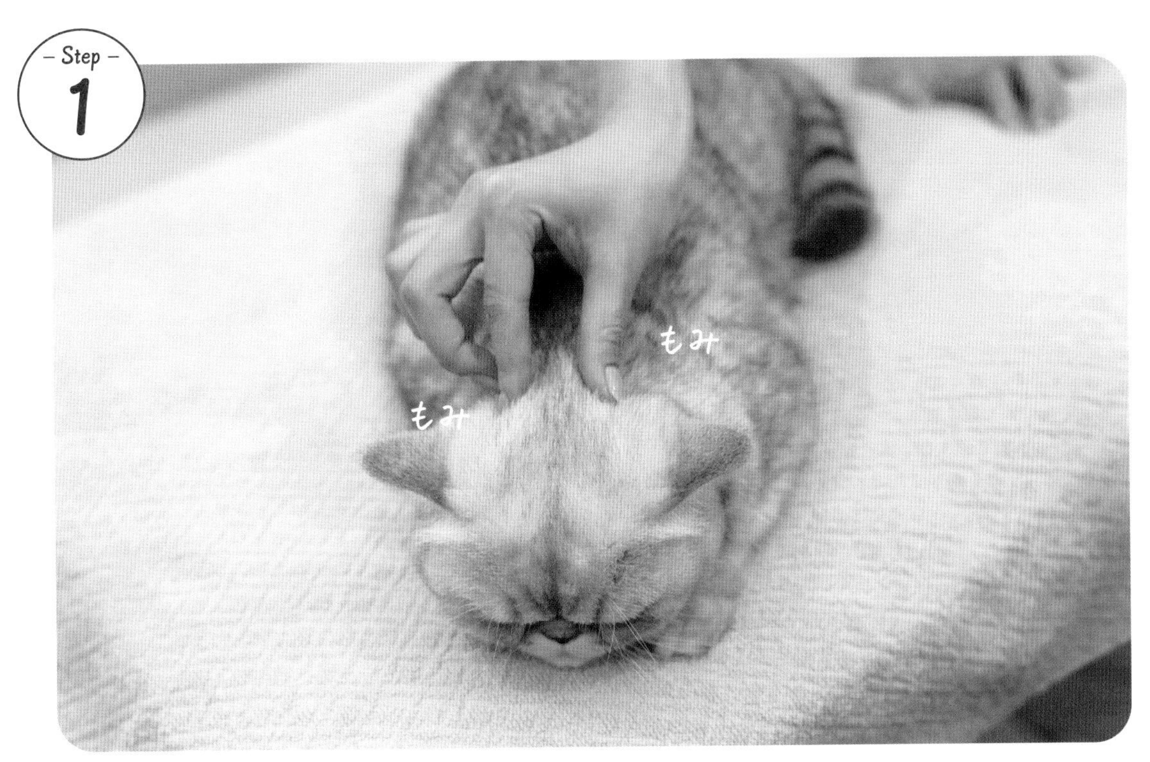

頭と首の境目あたりをもみもみ。 中心あたりは人差し指の腹を使ってくるくる刺激する。 硬くすじばっている場所があればそこを重点的にさする。

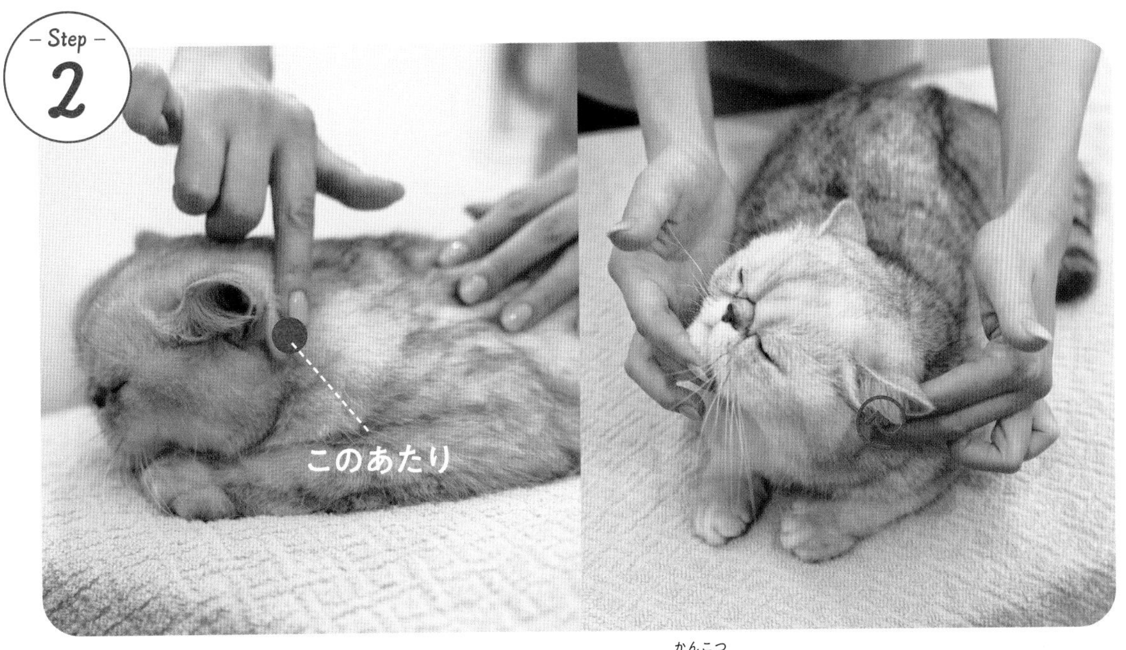

耳の後ろ付け根を指の腹で押しながら、くるくる回す（完骨（かんこつ））。

耳と耳の間の中心、 頭頂部から後頭部にかけて前後にさする。 骨が出っ張っているところがあるので、それがわかればその周辺を重点的にさする（脳戸）。

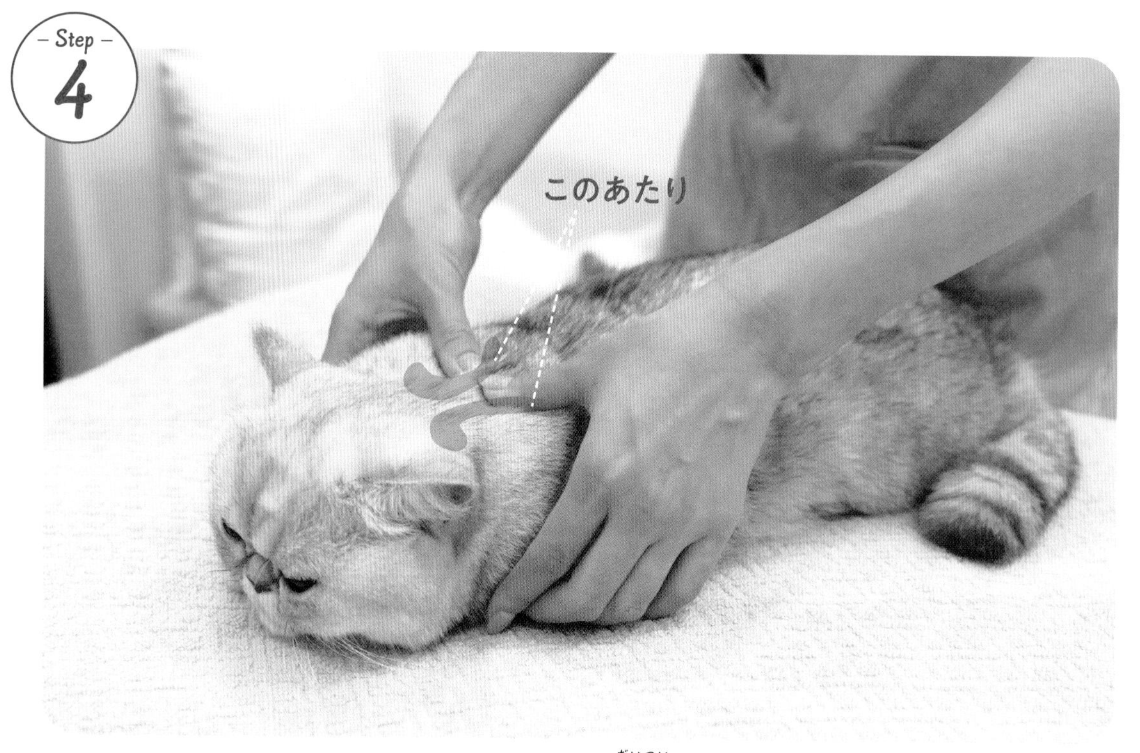

肩甲骨の間に指をいれて周辺を優しく押していく（大椎）。

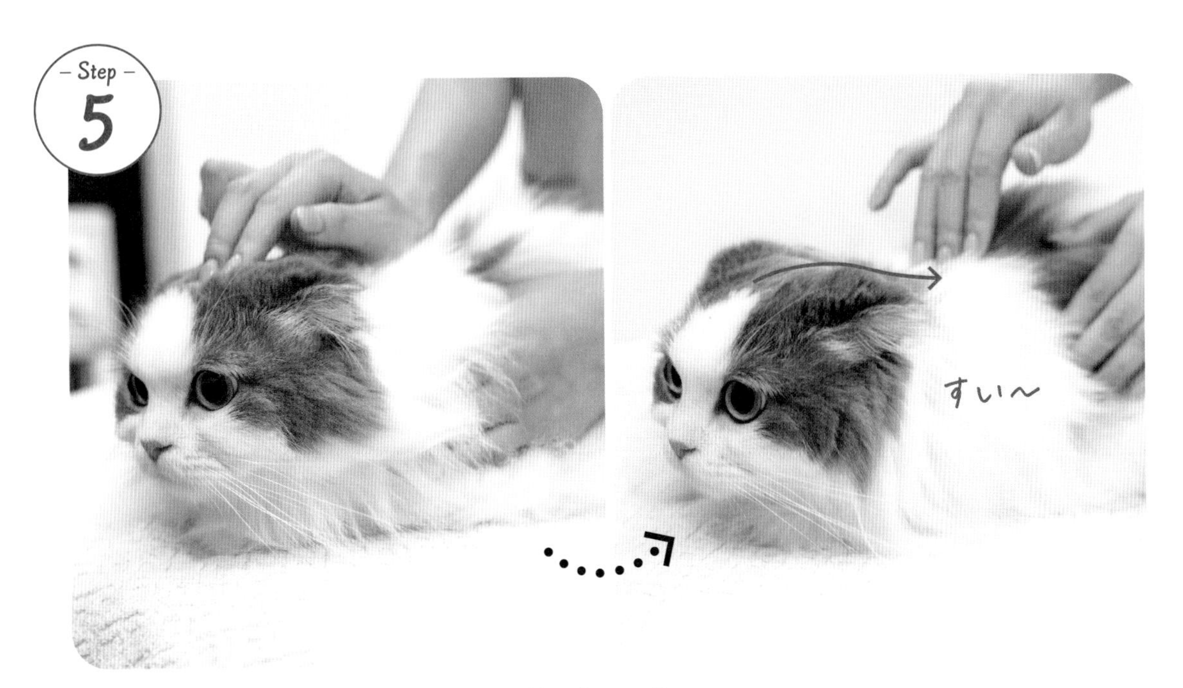

後頭部から肩甲骨の間まで指2、3本を使い優しく撫でる。

【マッサージのコツ、もっと効果をあげるには?】

さわることやマッサージに慣れてきたら、呼吸を意識してみましょう。

まず猫のお腹の動きをみて、呼吸を確認。吸う時にお腹は膨らんで、吐く時にへこみます。確認ができたら、施術者(飼い主さん)はお腹を膨らませながら、鼻から息を吸い(4秒くらい)、ゆっくり口から吐く(6秒くらい)呼吸を続けていきます。

その呼吸に慣れてきたら、愛猫が息を吸う時に一緒に吸います。猫が数回呼吸している間、施術者はそのままゆっくり吸っていき、猫が息を吐くタイミングに合わせて、施術者もゆっくり吐いていきます。

特に吐く時がわかりやすいので、吐く時に合わせるようにするといいでしょう。そうするとマッサージの効果があがったり、愛猫が好きな力加減や、気持ちの良い場所が自然にわかってきます。

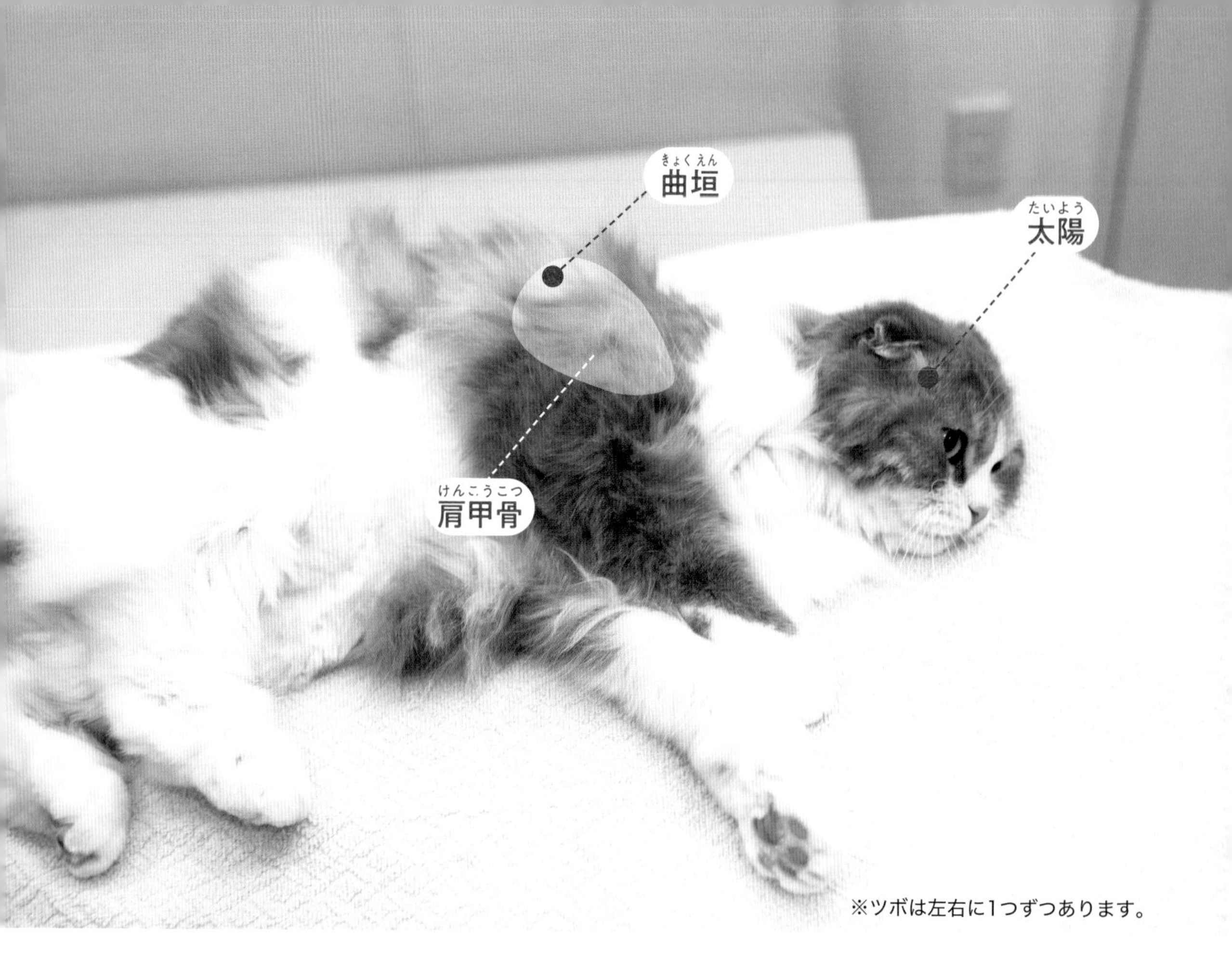

※ツボは左右に1つずつあります。

運動器

❸ 歩き方がおかしい（首を上下するような歩き方）

シニアになると筋力が落ちてきて、踏ん張りがききづらくなったり、関節の痛みなどが出やすくなります。

トラブルの可能性がある部位

前足、首、関節

※病院で肩や肘の「関節炎」と診断された子にもおすすめです。

他にも対応できる症状

前あしを舐めたり噛んだりする、関節の音が鳴る

マッサージの目的・効果

首から前あしにかけての痛みを軽減させる。

施術部位

顔まわり（太陽）
肩甲骨〜前あし（曲垣）

施術方法

各ステップ５〜10回ずつ。

目尻から耳の間を指の腹で押しながら、ほっぺをむにむに（太陽(たいよう)）。

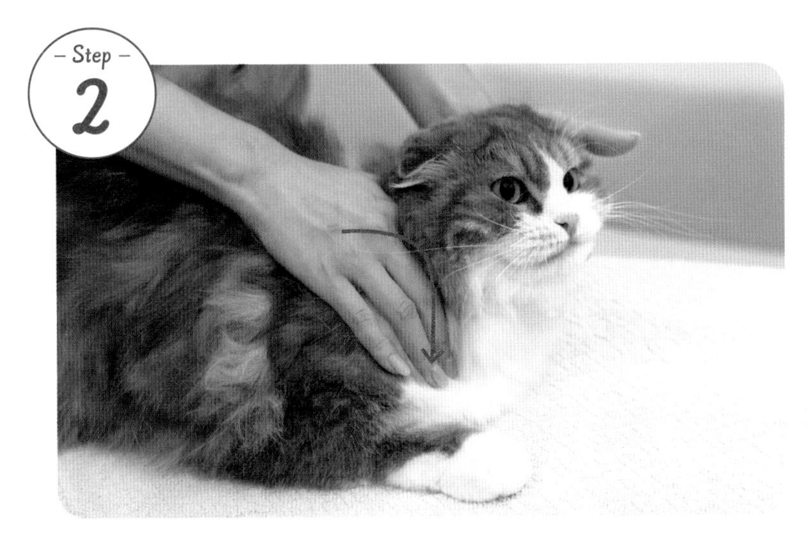

左右の肩甲骨の間から前(肩のほう)に向かって、肩甲骨に沿ってさする（曲垣(きょくえん)）。

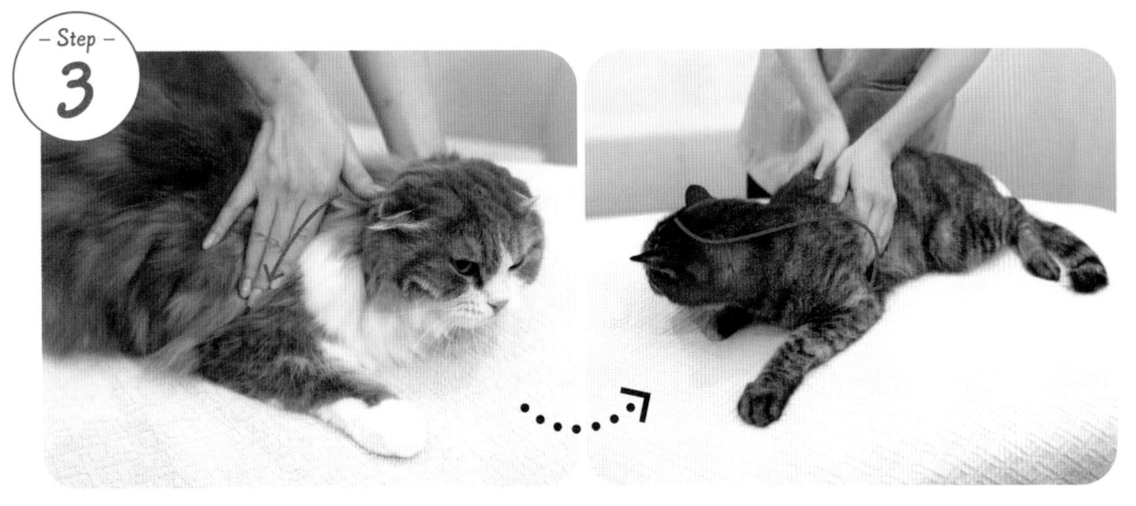

耳の後ろから、同じ側の肩甲骨へ向かって撫でていき、脇のほうに向かってさする。脇あたりの筋肉が硬かったら、指の腹でさすってもOK。

全身

❶ 体重が減ってきた、食べているのに痩せてくる

シニアになると様々な臓器が衰えてきます。
衰えてくる臓器は個々で違うので、弱いところを見つけてケアしてあげてください。

トラブルの可能性がある部位

胃腸、内分泌、腎臓、全身

※病院で「甲状腺機能亢進症」「糖尿病」と診断された子にもおすすめです。

他にも対応できる症状

背中やお腹を触られるのを嫌がる、
だるそう、毛繕いの頻度が減る

マッサージの目的・効果

胃腸の働きを整えて、免疫力をアップさせる。

施術部位

背中（胃兪）
顔まわり（太陽）
後ろあし内側（三陰交）

施術方法

ステップ２と３はセットで、
各ステップ３～７回。

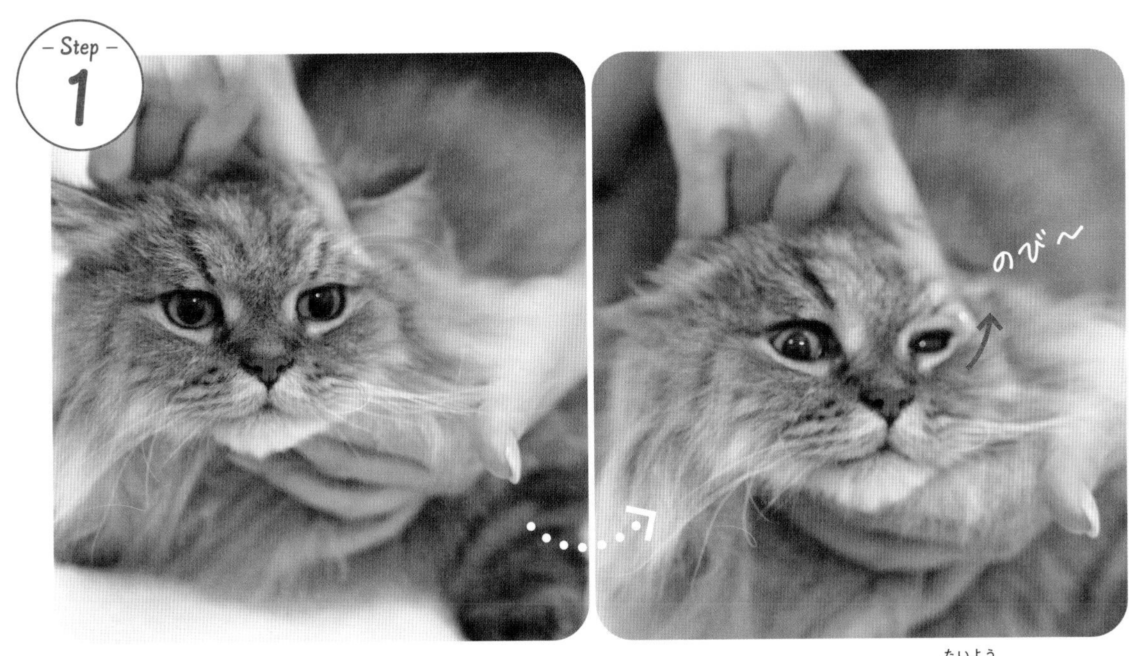

目尻から耳の間に指を置き、耳側へ皮膚をのばす感じでゆっくり圧をかける（太陽）。

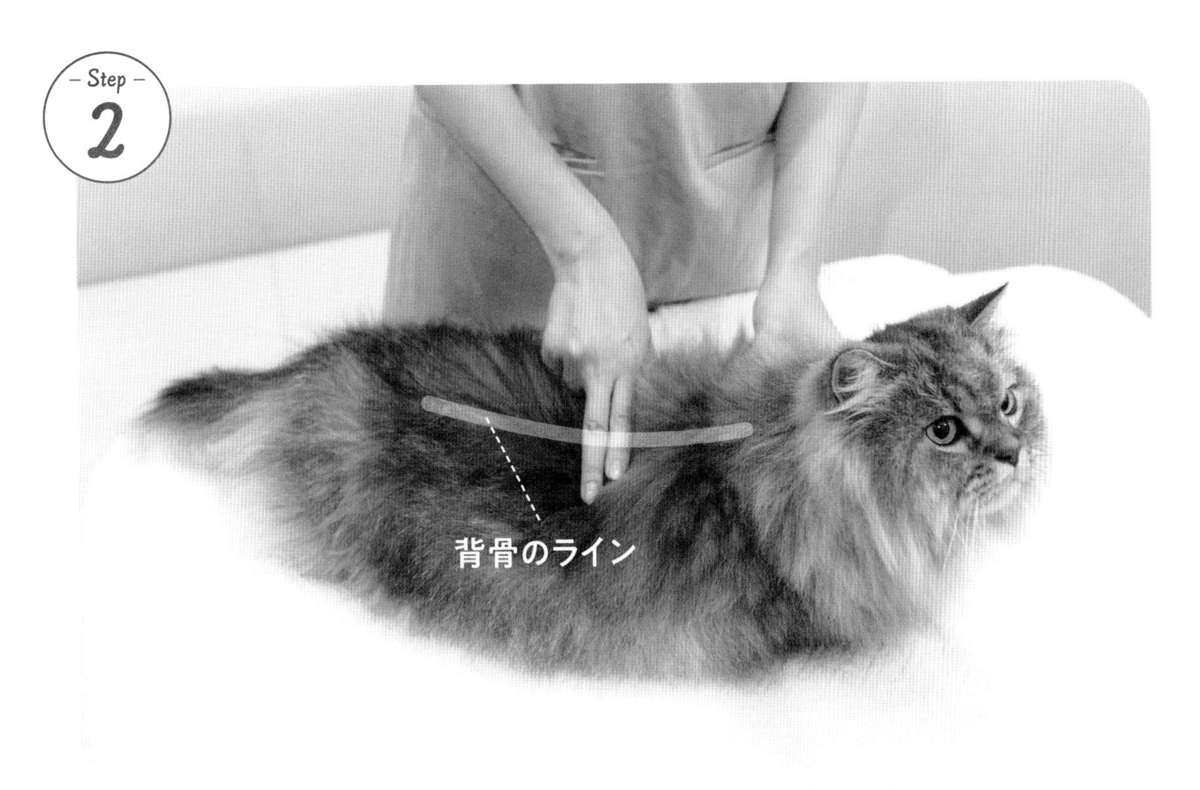

肩甲骨の後ろあたりから背骨と十字になるように指を置いて、背骨の左右や中心をさすっていく（胃兪）。

だんだん尾側へ。 骨盤にあたるくらいまでさすっていく。 骨盤がわからなければ尻尾の付け根までさすっていってもOK。

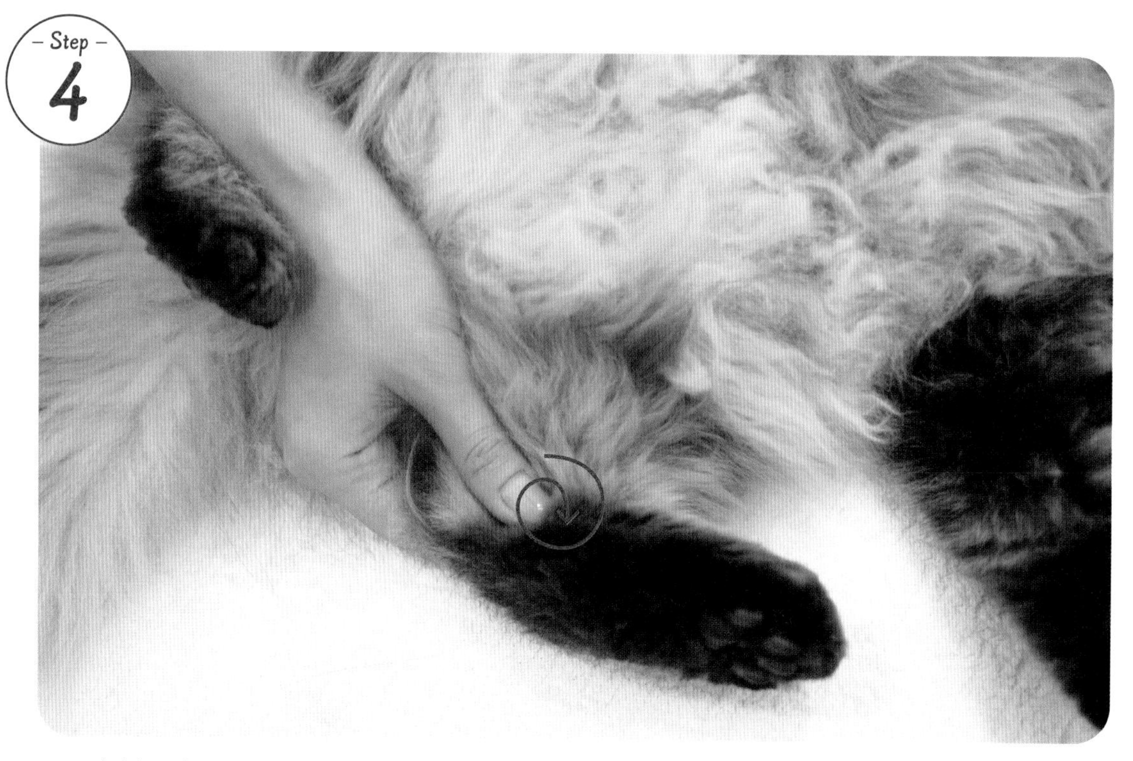

足の内側、内くるぶしをくるくる。

Step 5

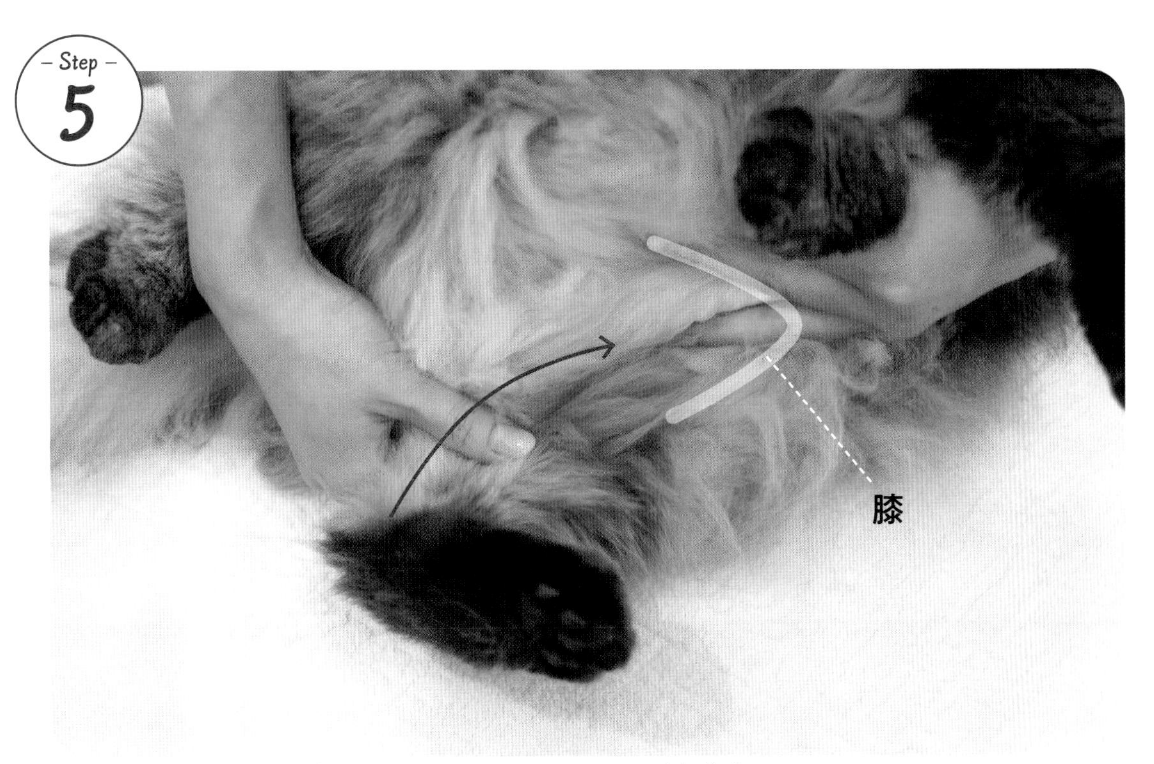

内くるぶしから、上（膝の方）に向かって撫でていく（三陰交）。

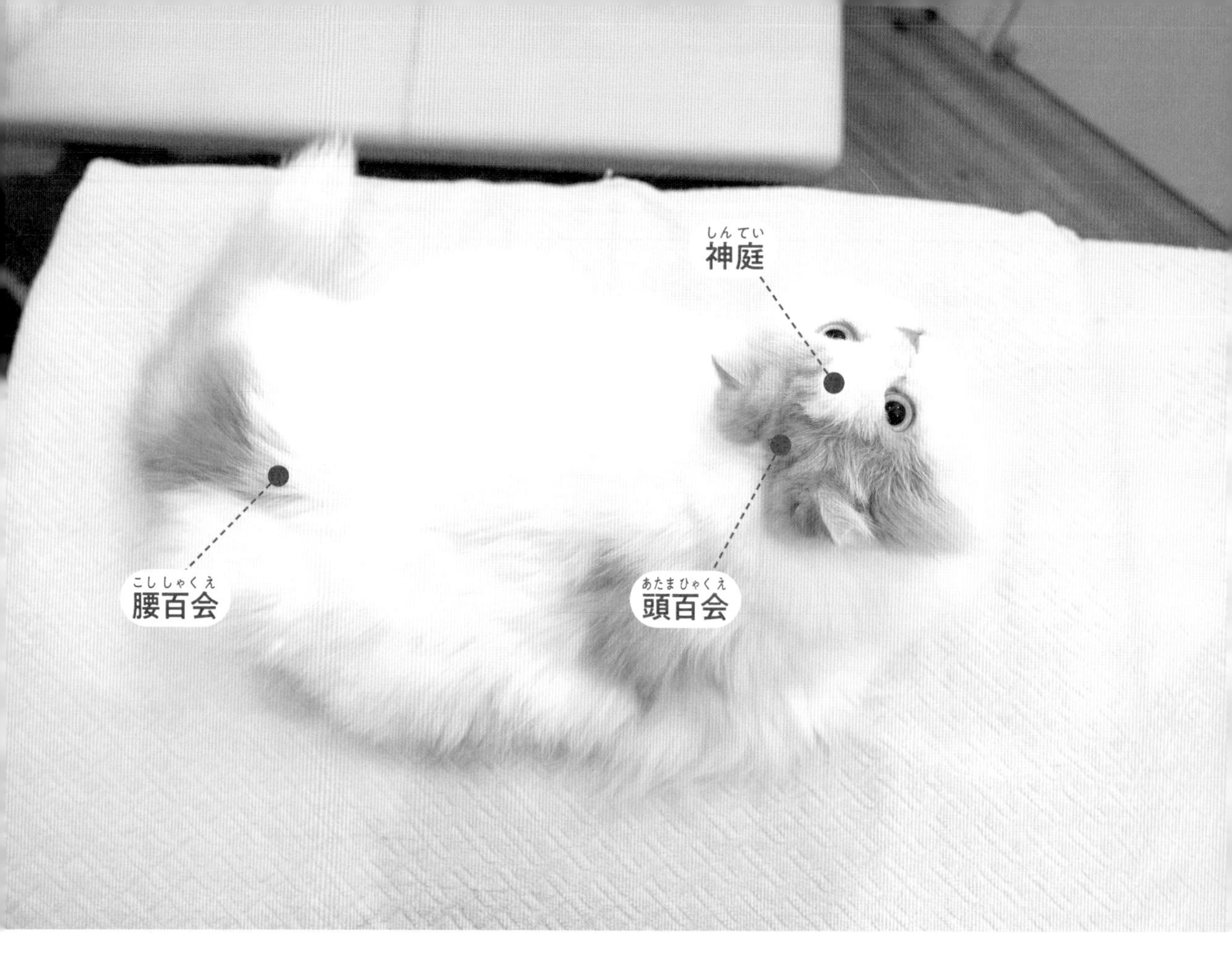

全身

❷ トイレの場所を間違える

シニアになると様々な臓器が衰えてきます。
衰えてくる臓器は個々で違うので、弱いところを見つけてケアしてあげてください。

トラブルの可能性がある部位

腎臓、膀胱、脳、神経、全身

※病院で「認知症」と診断された子にもおすすめです。

他にも対応できる症状

落ち着きがない、目的なく鳴く、
寝る時間が減る

マッサージの目的・効果

全身の気の流れを整える。

施術部位

背中
腰まわり（腰百会）
額～頭頂部（頭百会、神庭）

施術方法

各ステップ３～10回。

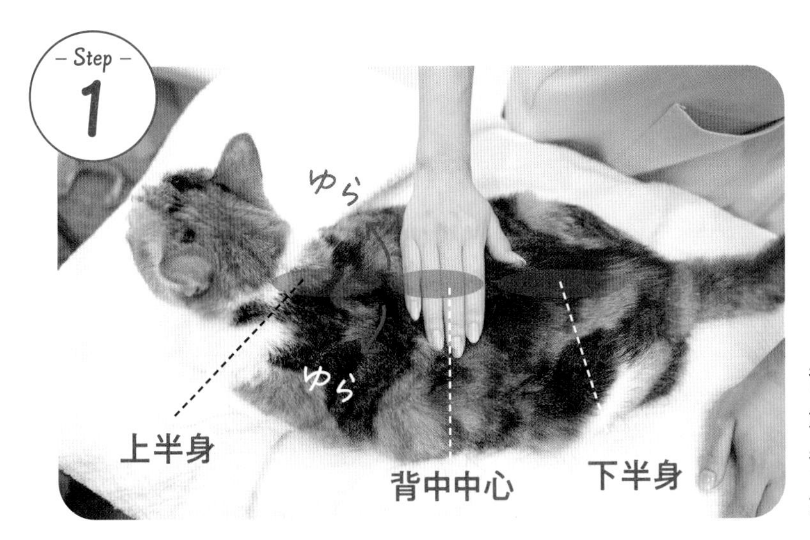

背中に手のひらを置いて左右にゆらしていく。上半身、背中中心あたり、下半身の3カ所くらいで行なう。

額から頭頂部を指で撫でて、頭の上をこちょこちょ（頭百会（あたまひゃくえ）、神庭（しんてい））。

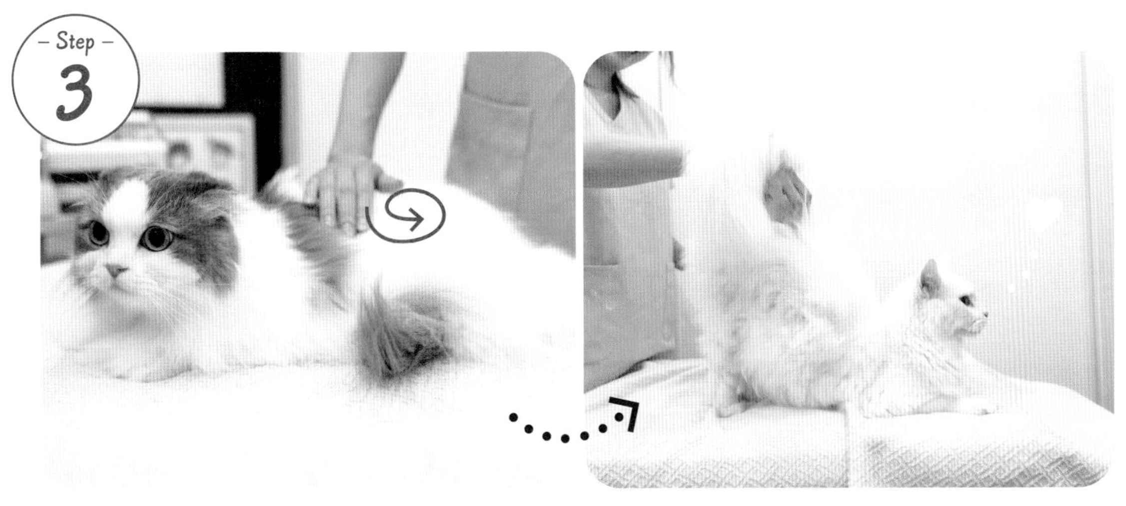

腰まわりに手のひらをあてて、ゆっくり円を描く（腰百会（こしひゃくえ））。

尻尾の付け根をこちょこちょ。

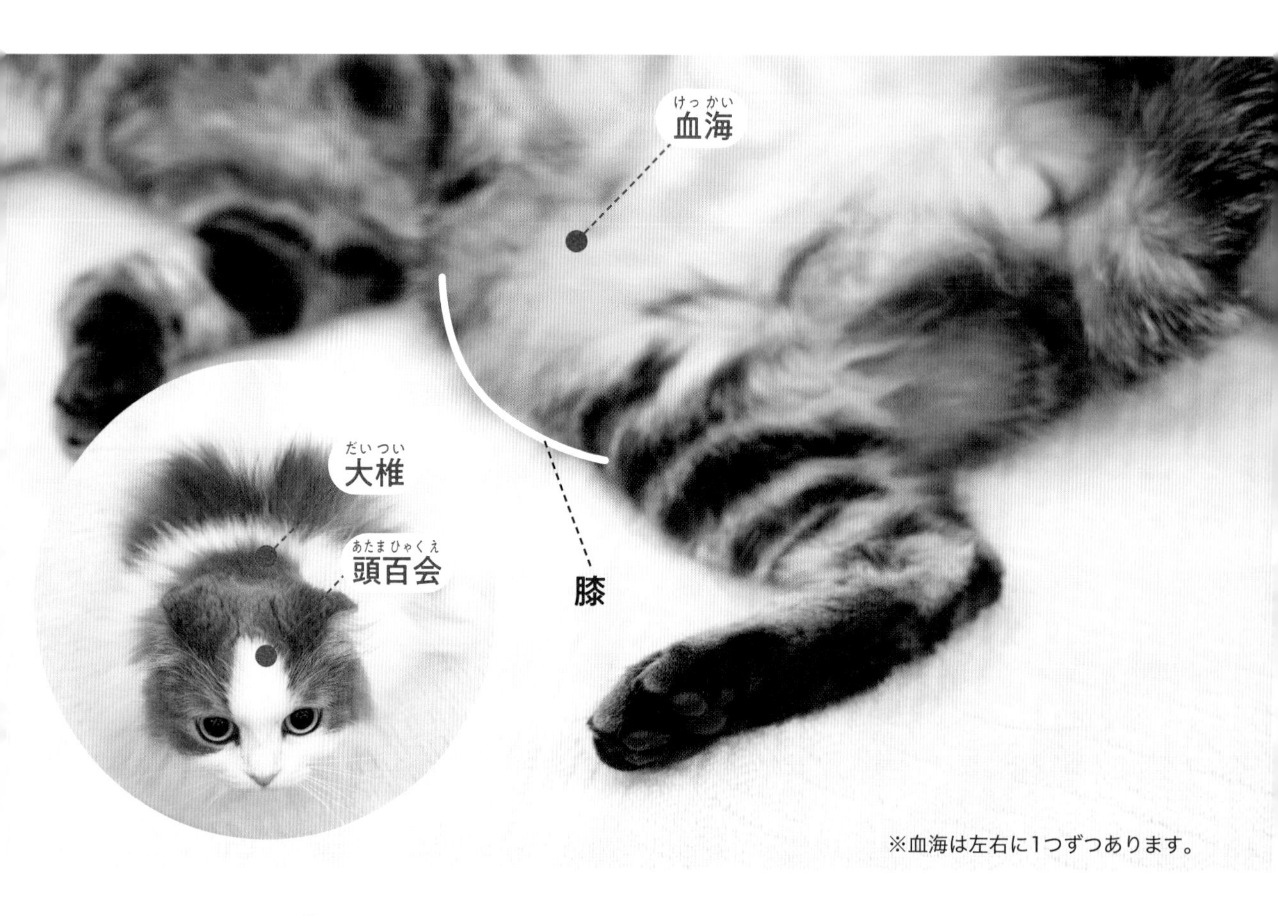

※血海は左右に1つずつあります。

全身

❸ 身体の一部が熱い（特に頭や胸部）

シニアになると冷えやほてりがおこりやすくなります。
触って確認してみてください。

トラブルの可能性がある部位

全身

※病院で「甲状腺機能亢進症」「てんかん」と診断された子にもおすすめです。

他にも対応できる症状

吐き気がある、発作がでる、痒みがある

マッサージの目的・効果

身体の熱をさます。

施術部位

頭まわり（頭百会）
背中（大椎）
後ろあし膝まわり内側（血海）

施術方法

各ステップ 5 ～ 12 回ずつ。
指でも OK ですが、スプーンを使うと効果的です。

頭のてっぺんにスプーンの丸く出っ張っている部分で円を描く(頭百会(あたまひゃくえ))。

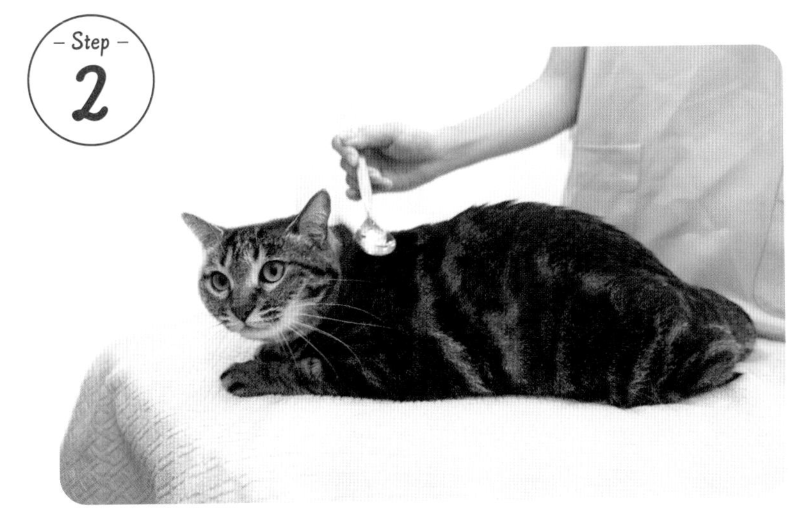

肩甲骨間をスプーンの丸く出っ張っている部分でさする(大椎(だいつい))。
刺激が好きそうなら、柄(え)の方でさすってもOK。

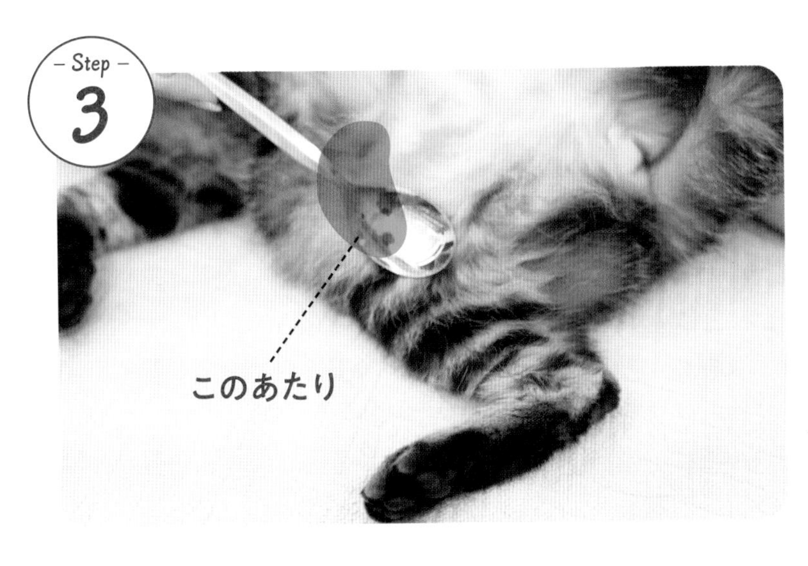

足の内側、膝(ひざ)あたりをスプーンの丸くなっている部分でくるくるさする(血海(けっかい))。

※陽池は左右に1つずつあります。

全身

❹ 耳や手足先など身体の末端が冷たい

シニアになると冷えやほてりがおこりやすくなります。
触って確認してみてください。

トラブルの可能性がある部位

全身

他にも対応できる症状

食欲がない、元気がない、
よくお腹をこわす

マッサージの目的・効果

身体を温め、代謝をあげる。

施術部位

体幹部
前あし（陽池）、後ろあし
耳まわり

施術方法

ステップ① ➡ 温め 1 ～ 3 分。
ステップ②と③ ➡ 3 ～ 7 回ずつ。

Step 1

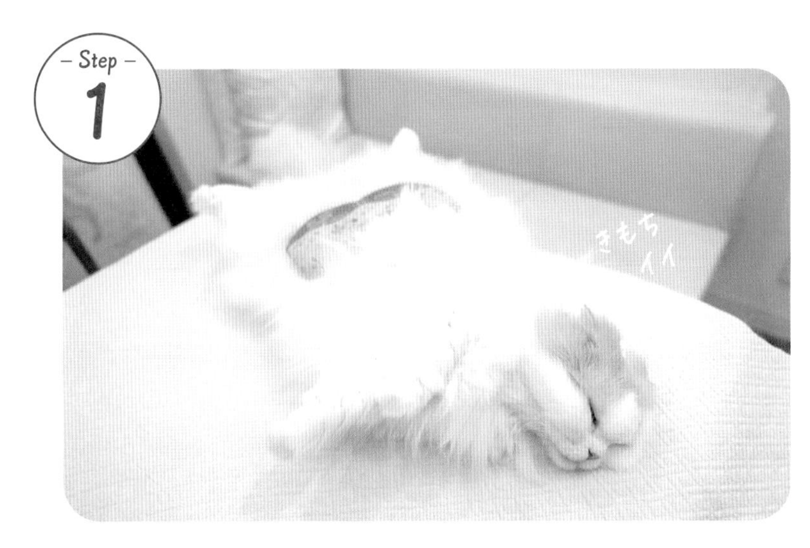

お腹もしくは背中を小豆カイロやホットタオルで温める。1～3分。

Step 2

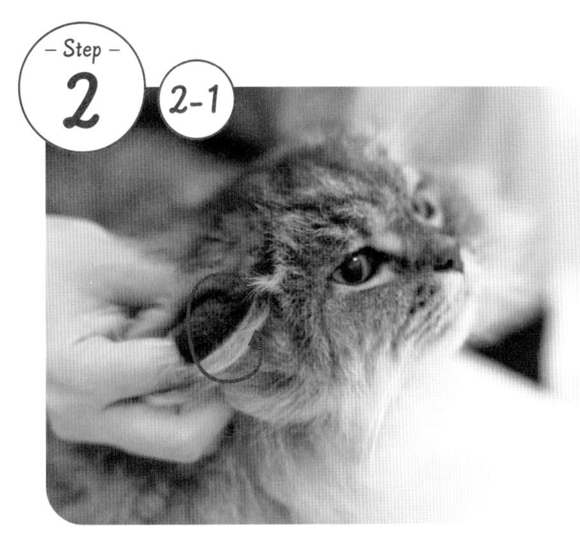

耳の付け根をつまんでくるくる回す。

耳の外側を、つまんで離すを繰り返す。

※両耳をいっぺんに行なっても、片耳ずつでもOK。

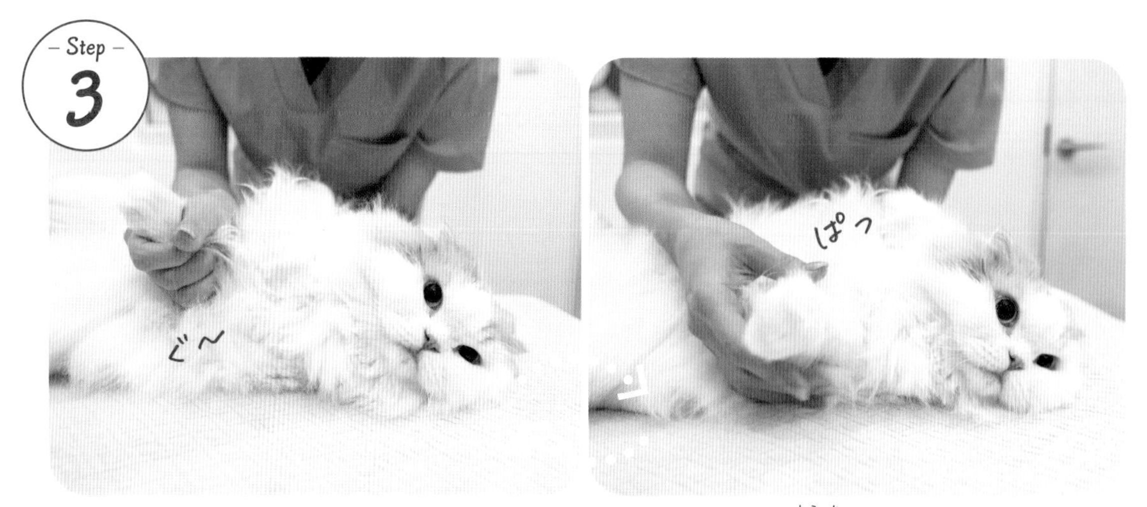

両手両足の付け根から手足先にかけて、握って離すを繰り返す（陽池）。

握る場所は付け根、肘や膝周辺、前うでや下腿部、手足先の4部位くらいに分ける。

シニアねこほぐしで使った物

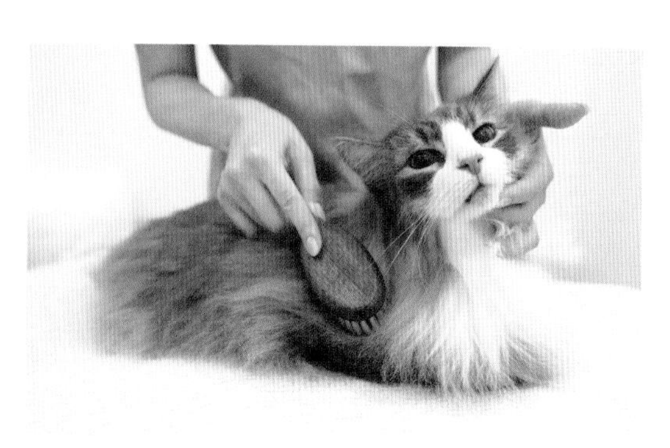

ブラシ

広い範囲の皮膚のケアやマッサージに使います。 様々な材質があるので、 お気に入りを見つけてあげてください」

スプーン

熱感がある時やリンパを流す時、 力をあまり入れたくない時などに使います。 広い部分は大きめスプーン、 狭い部分は小さめスプーンを使うといいでしょう。 スプーンの丸く出っ張っているところを使ったり、 反対の柄の部分を使うこともできます。

綿棒

手先足先、 顔まわりなどの細かいツボを押すのに使います。
目や鼻まわりのマッサージでは、 あわせて目脂や鼻水などのお手入れにも使用してあげると良いでしょう。

小豆カイロ

顔まわりや腰まわり、 お腹まわりを温めるのに使います。 既製品の人用のアイマスクも使いやすいです。

〈小豆カイロの作り方〉

【材料】・綿や麻100%の巾着袋（ここでは9cm×12cm使用）
・適量の小豆（ここでは約40g）

1. 温めたい場所にあわせた大きさの巾着袋に小豆をいれる。
2. レンジでチン（ここでは500w2、30秒）。

↑手の甲に数秒乗せても熱くない温度がベスト！

※ちなみに150gくらいで500w1分～ 1分30秒ほど。小豆の温めすぎによる火傷にご注意ください。

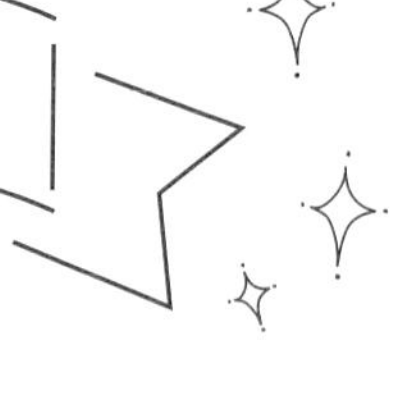

スペシャル にゃんクス!

大活躍!!
お世話になった猫さんプロフィールです。

ありがとにゃん♥

牡丹
シャルトリュー

とっても甘えん坊さん。いつも沢山お話ししてくれます。まん丸なお顔とリラックスしている時にでる犬歯がチャームポイント。いたずら好きな男の子。

キララ
ミックス

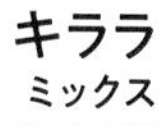

保護猫だったとは思えない程のおっとりな子。深い琥珀色の瞳がキラキラ輝いていたのが名前の由来。出窓で日向ぼっこしながら外を観察するのが日課です。

トワ
ノルウェージャンフォレストキャット

癒し系美人さん。シャンプーの時は自分からお湯に浸かりにいくほどお風呂好きな子です。

クルミ
エキゾチックショートヘア

愛おしい顔をしています。食いしん坊で好奇心旺盛。我が家のアイドル。特技は一人サッカー。

雫
スコティッシュフォールド

6匹犬猫兄弟の長男くん。優しく世話焼き、そして厳しいお兄ちゃんニャンコです。

アミリ
ミヌエット

賢くあざとい世渡り上手。人懐っこさでみんなを笑顔にするアイドル猫♡

レオ
スコティッシュフォールド

我が家の王子。男の子だけど鳴き方が甘えん坊で、か細い声で鳴きます。

あなご
ミックス

落ち着いた大人のレディ。人間が大好きで、甘えん坊です! 寝る時は飼い主の顔の横か顔の上にドーンッ!

みみお
ペルシャ

スーパーかまちょ君。人でも猫でもオスに恋しちゃうみたい。お尻ぺんぺんが大好き。

ルル
スコティッシュフォールド

お得意のニャーとシャー、スリスリとパンチを巧みに使い分け、飼い主たちを制圧。その美貌と頭の良さで、家庭における全ての物を制する大物ニャンコとして活躍中。

こたろう
ミックス

痛い注射・苦い薬を頑張って、難病をやっつけた男の子。おとうさんが大好きで一緒に寝ています。由貴先生のマッサージもうっとりのこた君です。

シャル
メインクーン

FLORAの看板猫で、動物達への神対応から飼い主さん達からよく「神」と呼ばれています。時々もらうドッグフードとササミが大好き。

メープル
ミックス

家族の中で1番小さいけれど、1番おしゃべり。短い手足と長いおひげがチャームポイント。得意技はマンチ立ち。

ベル
スコティッシュフォールド

キュートなお顔は歳を重ねて、ますます可愛くなっています。しっかり者の超マイペース。趣味はiPadで猫動画を見る事です。

おこめ
ミックス

「よく食べて、よく遊んで、よく寝る」大人だけど仔猫みたいな子です。

幸
ミックス

家では気が強くておこりんぼ。病院に行くと大人しい子になる内弁慶ちゃん。

ニノ
ノルウェージャンフォレストキャット

楽しんでFLORAの看板猫をしています。いたずらっ子で甘えん坊。出汁の香りとみんなに撫でてもらうのが大好き。

今回もたくさんのにゃんこ達にご協力いただきまして、本当にありがとうございます!　可愛いにゃんこ達と猫好きしかいない撮影現場、「猫はどんな顔や姿でも、そこに居るだけで可愛い」と皆で共感……とっても幸せな時間でした♡

中桐由貴

中桐由貴 (Yuki Nakagiri)

獣医師、鍼灸師。アニマルケアサロンFLORA医院長。麻布大学獣医学部獣医学科卒（放射線学研究室）、お茶の水はりきゅう専門学校卒。日本ペットマッサージ協会理事、日本メディカルアロマテラピー 動物臨床獣医部会理事、ペット薬膳国際協会 理事、刮痧（グアシャ）国際協会動物施術部会 顧問、アニマルウェルフェア国際協会理事。著書に『ねこほぐし 猫を整えるマッサージ&ストレッチ』（産業編集センター）がある。

今まで飼った動物：
犬、猫、ハムスター、カメ、ザリガニ、フェレット、トカゲ、セキセイインコ、熱帯魚など。去年からフクロモモンガも。
愛猫：シャル（写真右）、ニノ（写真左）、メープル

メッセージ：
「病気になってから治療する」という今までの動物病院の概念にとらわれず、普段の生活上での心や身体のケア、食生活など様々な面から、動物の健康寿命を延ばしていきたいと考えています。
動物たちと人間（飼い主さん）との関係をより良いものにできるよう、お手伝いできたら嬉しいです。

協力：
アニマルケアサロンFLORA
アナゴ、アミリ、おこめ、キララ、クルミ、こたろう、雫、シャル、トワ、ニノ、ベル、牡丹、みみお、メープル、ルル、レオ、幸（五十音順）

シニアねこほぐし
猫を整えるやさしいマッサージ

2024年2月15日　第一刷発行
2024年4月 8日　第二刷発行

著者　中桐由貴

写真　山上奈々（産業編集センター）
ブックデザイン　清水佳子
編集　福永恵子（産業編集センター）

発 行　株式会社産業編集センター
〒112-0011 東京都文京区千石4-39-17
TEL 03-5395-6133
FAX 03-5395-5320

印刷・製本　株式会社シナノパブリッシングプレス

ISBN978-4-86311-396-1　C0045